绿色建筑施工管理的
理论与实践

郑显春　◎ 著

中国商业出版社

图书在版编目（CIP）数据

绿色建筑施工管理的理论与实践 / 郑显春著.
北京 ： 中国商业出版社，2024. 12. -- ISBN 978-7
-5208-3274-8

Ⅰ. TU18

中国国家版本馆CIP数据核字第2024AJ7778号

责任编辑：王　静

中国商业出版社出版发行

（www.zgsycb.com　100053　北京广安门内报国寺1号）

总编室：010-63180647　编辑室：010-83114579

发行部：010-83120835/8286

新华书店经销

定州启航印刷有限公司印刷

*

710毫米×1000毫米　16开　14.5印张　210千字

2024年12月第1版　2024年12月第1次印刷

定价：88.00元

*　*　*　*

（如有印装质量问题可更换）

前　言

　　绿色建筑施工管理，作为建筑行业响应环境保护和可持续发展号召的重要实践，日益成为全球关注的焦点。绿色建筑施工管理是指在建筑施工过程中采用一系列可持续的方法和策略，在保证工程质量、安全等基本要求的前提下，减少对环境的负面影响，提高资源使用效率，并创造健康、安全的工作和居住环境。它涉及设计、材料选择、施工方法、项目管理等各个方面，旨在实现建筑施工全生命周期的环境可持续性。

　　随着全球对环境保护和可持续发展的重视，绿色建筑施工管理已成为行业转型的必然选择。实施绿色建筑施工管理，不仅可以减少建筑施工对环境的负面影响，如降低能源消耗和废弃物产生，还可以提高建筑的质量和使用效率，从而带来长远的社会效益和经济效益。

　　当前，绿色建筑施工管理在全球范围内正逐渐发展和普及，但仍面临技术和认知方面的挑战。不同国家和地区在实施绿色建筑施工管理方面的水平和进度存在差异，这要求人们从全球视角出发，共享经验，促进技术和知识的传播。本书对绿色建筑施工管理进行了全面而深入的分析，旨在提升建筑行业从业者对绿色建筑施工管理的认识，推动高效、环保的建筑施工方法的应用。本书的意义在于它不仅提供了理论框架，还提出了具体的实践指南，有助于引导建筑行业向绿色、可持续的方向发展。

本书共十一章。第一章到第三章对绿色建筑施工管理的理论内容进行了阐述，在对绿色建筑施工管理进行概述及介绍我国绿色建筑的发展历程与发展趋势的基础上，进一步介绍了绿色建筑施工管理的重要性和核心原则。第四章对国际绿色建筑标准和中国绿色建筑评价体系与认证进行了介绍，这些标准或评价体系与认证涉及建筑的多个方面，有利于实现环境可持续性和提高能源效率。第五章对绿色建筑施工技术进行了概述，证明选择合适的可持续施工材料能够更好地实现建筑的环境、功能和经济目标。第六章到第十章从节能与能效管理、水资源管理与保护、废物管理与循环利用、项目规划与设计阶段管理、施工质量安全管理与风险管理几个方面探讨了绿色建筑施工管理的具体技术和方法。第十一章通过案例研究与总结，展示了实际项目中的应用和挑战，并提出了未来发展的对策和建议。

对于那些致力于推广和实施绿色建筑施工管理的专业人士而言，本书提供了宝贵的资源和指导。它不仅能帮助读者理解绿色建筑施工管理的理论和原则，更重要的是，它还提供了实际应用的洞见和策略，有助于解决实践中的具体问题，推动整个行业的进步和创新。

本书为建筑专业人士、研究者和学生提供了从理论到实践的全面指南，旨在推动建筑行业在绿色、可持续发展的道路上迈出坚实的步伐。由于水平有限，书中难免存在不足，期望业内专家和践行者能够提出宝贵的意见。

郑显春

2024 年 10 月

目　录

第一章　关于绿色建筑施工管理

第一节　绿色建筑施工管理概述

一、绿色建筑施工管理的定义

绿色建筑施工管理①是指在整个建筑工程周期内，包括选址、规划、设计以及实际施工过程中，融入节约资源、环境保护等绿色理念，尽可能地为人们提供既舒适又健康的生活空间。同时，要在建筑的全寿命周期中高效率地利用各种资源，降低能源消耗，从全局考虑，把握各要素之间的联系，在满足人类生活舒适、便利的基础上实现建筑行业的可持续发展。②

这种管理方式的核心目的在于创造对生态环境负面影响小、对人类生活环境有益的建筑成果。在这个过程中，绿色建筑施工管理不仅关注建筑物本身的节能、环保特性，还关注建筑施工过程中的环境影响、资源使用效率和施工方法的创新。具体来说，绿色建筑施工包括但不限于以下几个方面。

（一）环境友好的材料使用

环境友好的材料使用是绿色建筑施工的核心。第一，在墙体施工等关键环节中，使用低碳、可循环利用、对环境影响小的材料至关重要。例如，选用具有良好绝热和隔热性能的轻质保温砖或生态混凝土，不仅能够降低热传导率、减少能量损失，还能减轻建筑的重量。第二，采用可再生材料

---

① "绿色建筑施工管理"这一理念目前并没有确切的起源时间或明确的提出者，在20世纪末至21世纪初逐步形成和发展起来。绿色建筑施工管理的核心在于在建筑施工过程中采取有效措施，减少对环境的影响，提高能源和资源的使用效率。这一理念是环保、可持续发展和建筑学等多个领域知识融合的结果。在全球气候变化和环境问题日益严峻的背景下，多个国家和国际组织在推动绿色建筑施工管理方面发挥了重要作用。

② 刘虎．谈绿色建筑的发展应用与经济效益 [J]．山西建筑，2015，41（35）：192-194.

或回收材料，如再生木材和回收钢材，有助于减少对自然资源的消耗。第三，在门窗安装方面，高效能窗框和多层玻璃窗的使用能显著提高热效率和隔音效果，增强居住舒适度。第四，创新施工方法，如采用预制建筑元件，不仅能提高施工效率和质量，还能减少现场施工的资源浪费和环境影响。

（二）能源效率

能源效率在绿色建筑施工中至关重要，涉及优化设计和施工方法，旨在减少能源需求和提高能源利用效率。在设计阶段，采用节能建筑理念至关重要，包括考虑建筑朝向、最大化利用自然光照和通风、选用高保温性能材料，以显著降低建筑的能源需求。在施工过程中，应用高效施工技术和管理方法，如使用预制构件，不仅能减少现场能源消耗和材料浪费，还能提高资源利用效率。精确的材料计划和管理有助于减少废料产生。施工现场的能源管理，如使用节能设备、合理安排施工时间以及利用可再生能源（如太阳能）都是降低能耗的有效措施。此外，高效利用水资源和其他自然资源也是关键，包括施工现场的雨水收集和再利用、节水措施的采用以及施工废水的合理处理。这些措施共同促进了绿色建筑施工的能源效率和资源高效利用，助力实现可持续发展目标。

（三）废弃物管理

废弃物管理是绿色建筑施工管理的关键组成部分，旨在减少施工过程中废物的产生并促进其回收利用。在施工过程中，采用模块化和预制建筑元件可以大幅减少现场废物的产生。同时，建立有效的废物分类系统，确保废物得到适当的回收和处理，对于金属、木材、塑料等可回收材料尤为重要。在废物处理方面，可推广使用环保技术，如废弃物的循环利用和转化为其他用途，以减少填埋量。这些措施不仅有助于减轻对环境的影响，还促进了建筑行业的可持续发展，体现了对资源的负责任管理和有效利用。

（四）水资源管理

绿色建筑施工的水资源管理指采用节水措施，合理规划水资源使用及循环的过程，减少水的消耗并提高水资源的效率。例如，在设计阶段应考虑高效水系统,包括节水型卫生器具和智能水控制系统,这些技术能显著降低建筑用水量。可以在建筑规划中采用雨水收集和循环利用系统,有效利用天然降雨,减少对传统水源的依赖。在施工过程中,采用节水措施,如优化施工用水和减少废水产生,对保护水资源有显著效果。同时,施工现场的水污染控制,如设置有效的废水处理和污水回收系统,对防止施工活动对周边水环境的潜在影响至关重要。

(五)环境保护

施工过程中的环境保护是绿色建筑施工管理的重要组成部分,目的在于降低施工活动对周围环境的影响。例如,在噪声控制方面,施工现场通常采用隔音围挡等噪声隔离屏障,或者对施工设备进行定期维护以减少噪声排放,同时合理安排施工时间,避免影响周边社区。粉尘控制措施包括使用喷雾系统或防尘网,以及在物料运输和储存时采取预防措施,如使用密封容器或覆盖物料,以减少扬尘。在废物管理方面,可以通过施工现场的废物分类、回收和环保处理,如使用分类垃圾箱和环保袋来减少废物填埋量,促进可回收材料的循环利用。这些措施不仅有助于保护环境,还提升了施工过程的社会责任感和可持续性。

(六)健康和安全

绿色建筑施工管理的健康和安全措施旨在确保施工现场的工作安全及提供健康的工作环境,同时努力减少施工活动对周围社区的影响。这包括采用适当的安全设备和程序,确保工人在施工过程中的安全。例如,使用防护装备如安全帽、安全网和防尘面罩,遵守严格的安全规程,定期对工人进行安全培训和紧急应对训练。

施工现场的空气质量管理非常重要,需要采取措施控制空气中的粉尘和有害气体排放,如使用空气净化设备和合理的通风系统。

在施工过程中,要重视对周边社区的保护,应合理安排施工时间和途径,尽量减少对居民生活的干扰。建立良好的社区沟通机制,及时响应社区居民的关切,是维护社区关系的关键。

（七）创新与技术应用

绿色建筑施工管理的创新与技术应用的重点在于整合最新技术和方法，如预制建筑元件和建筑信息模型，以提高施工效率和质量。这些技术与可持续性和韧性设计紧密相连，旨在应对气候变化带来的挑战，提高建筑的长期耐久性。

例如，气候积极建筑的概念，即设计建筑以积极应对气候变化，通过使用高效的绝热材料和智能控制系统降低能源需求。光伏建筑一体化技术将太阳能板与建筑设计相结合，在提供清洁能源的同时，增强了建筑美学。氢能源与燃料电池热电联供系统将氢能转换为电能和热能，能源利用高效，减少了碳排放。零废物建筑强调在建筑的设计、施工和运营过程中尽量减少废物产生，通过循环利用和废物管理策略实现资源的最优化利用。绿色建筑还包括绿色屋顶和墙壁，这些都是生态设计的一部分，不仅有助于提高城市的生物多样性，还能改善建筑的绝热性能和减少城市热岛效应。

二、绿色建筑施工管理是推动可持续发展的关键

绿色建筑施工管理强调在项目规划、执行和监控各阶段实施精确有效的管理策略，包括环境影响评估、资源利用规划及施工中的环保措施。绿色建筑施工管理涉及与政府、环保组织、供应商和社区的广泛协作，旨在确保环保目标的实现并促进社区的可持续发展。

在技术应用方面，绿色建筑施工管理推崇使用新环保技术和建筑方法，如 BIM 技术[①]，它通过数据化工具和参数化模型来提高生产效率并节约成本，由此减少能耗和资源消耗。可以采用先进的节能设备和低碳技术，如电动施工设备和太阳能工具，有效降低能耗和排放。

绿色建筑施工管理是一种基于可持续发展理念的思维方式，它要求在

---

① 建筑信息模型（Building Information Modeling, BIM）是一种革新性的工程设计建造管理工具。它基于数据化工具，通过参数化模型整合了项目的各种相关信息，包括设计、施工和运营维护等各个阶段的信息。它的核心优势在于提高生产效率、节约成本和缩短工期。

建筑的每个环节中考虑环保和资源高效利用。这不仅符合全球环保趋势，还是建筑行业未来发展的必然趋势。

三、绿色建筑施工的主要特点

绿色建筑施工作为建筑行业对环境责任的响应，不仅体现在技术和材料的选择上，还贯穿于整个建筑过程。绿色建筑施工有五个主要特点：一是节约能源和资源，二是注重水资源管理，三是以环境保护为核心，四是着眼于健康与舒适，五是具有强烈的社会责任感。

绿色建筑施工的实施不仅是技术层面的创新，还是对传统建筑观念的一次深刻变革。它强调在施工过程中实现环境保护、资源节约和社会责任的和谐统一，体现了可持续发展的深远意义。通过这些措施的实施，绿色建筑施工能够有效地降低建筑对环境的影响，提高资源使用效率，同时为人们创造更健康、更舒适的居住和工作环境。

四、绿色建筑施工构建可持续发展的建筑实践

（一）使用环保材料

在绿色建筑施工中，使用环保材料是实现可持续发展的关键。环保材料指的是那些可再生、可回收或对环境污染较小的材料。例如，再生混凝土不仅利用了废弃的混凝土材料，减少了对新材料的需求，还降低了废物的填埋量。竹材作为一种快速生长的天然资源，不仅可持续利用，还具有良好的力学性能，是传统木材的优良替代品。低挥发性有机化合物（Volatile Organic Compounds, VOCs）[①]涂料和黏合剂的使用，可以显著减少室内空气污染，改善室内环境质量。

---

① 低挥发性有机化合物（VOCs），指的是在常温下容易挥发并释放到空气中的有机化学物质，具有较低的蒸发点。这类物质广泛存在于许多涂料、清洁剂、溶剂、油漆、燃料和其他化学制品中。与高挥发性有机化合物相比，低挥发性有机化合物的特点是它们挥发的有害气体更少，因此对环境和人体健康的影响相对较小。

环保材料的使用有利于降低建筑的整体碳足迹。这些材料通常需要较少的能源来生产和加工，从而减少了整个建筑生命周期内的能源消耗和温室气体排放。通过采用这些环保材料，绿色建筑施工不仅体现了对环境的尊重，还能促进建筑行业向更加绿色和可持续的方向发展。

（二）能源高效施工

能源高效施工涉及采用节能型施工设备和工具，以减少能源消耗和环境影响。例如，相比传统的柴油驱动机械，电动施工设备不仅减少了化石燃料的消耗，还显著降低了碳排放和噪声污染。这类设备的应用，特别是在城市或人口密集地区的施工项目中，能显著提高环境质量。

利用可再生能源，如太阳能板为施工现场提供电力，是一种有效的节能举措。太阳能板可以将太阳能转化为电能，供应施工现场所需的电力，减少对传统电网的依赖。这种做法不仅降低了施工项目的能源成本，还是推动清洁能源使用的有效方式。

（三）减少现场废物的生成

在绿色建筑施工中，减少现场废物的生成是实现环境可持续发展的关键措施之一。这不仅涉及对建筑材料的有效利用，还包括对废物的管理和处理。精确的材料计划，可以确保材料的合理采购和使用，避免过度购买和浪费。同时，削减不必要的包装材料，不仅减少了废物的产生，还降低了对资源的消耗。

施工现场的废物管理策略至关重要。这包括建立有效的废物分类系统，确保可回收材料和废弃物得到适当的分离和处理。例如，木材、金属、塑料和纸张等材料可以被回收再利用，而非直接作为废物处理。废物的再利用，如将废弃的混凝土碎片用于填充材料，不仅减少了废物的填埋，还节约了新材料的使用。

（四）水资源的有效管理和节约

在绿色建筑施工中，水资源的有效管理和节约是实现环境可持续性的重要方面。采用节水策略和设备，如高效的水龙头和节水型卫生器具，可以大幅度减少水的消耗。引入创新技术，如在施工现场使用高效灌溉系统，可以确保用水的最大效率，同时减少水资源的浪费。合理规划和设计，以减少水体污染的风险。例如，设置适当的排水系统和水土保持措施，防止施工过程中的水土流失和污水排放对周围环境的影响。

（五）减少施工现场污染

在绿色建筑施工中，减少施工现场污染是保护周围环境和提升社区居住质量的关键措施。这包括有效控制噪声、粉尘以及其他可能的环境污染物。例如，施工现场的噪声控制可以通过使用低噪声的施工设备、设置隔音屏障或限制高噪声作业的时间等方法来实现。这样不仅有助于减少对周围居民生活的影响，还能改善施工工人的工作环境。

对于粉尘控制，采用封闭式粉尘控制系统可以显著减少施工活动产生的扬尘，保护周边空气质量。例如，使用封闭式切割设备和湿式作业可以有效降低粉尘排放，在施工现场周围设置防尘网和定期洒水也可以控制粉尘的扩散。

对于其他排放物，如废水和废气，应采取适当的处理和回收措施。例如，施工现场的废水可以通过沉淀和过滤进行处理，以防止污染周边水体。废气排放应符合环保标准，可以使用清洁能源和减少废气排放的设备来控制废气排放。

（六）优化施工物流

优化施工物流是绿色建筑施工管理中减少能源消耗和提高效率的关键环节。合理规划施工物料的运输和存储，可以显著降低能源消耗，并减少施工过程中对交通的影响。例如，可以通过精准的物料需求预测和批量采购，减少运输次数，从而降低碳排放；可以合理安排运输时间，避开高峰时段，这不仅能减少交通拥堵，还能提高运输效率。

在施工现场，有效的物料存储管理至关重要。合理布局存储区域，减少物料搬运的距离和次数，可以节省能源和减少作业时间。同时，采用电子化物流管理系统，如建筑信息模型和其他项目管理软件，可以帮助项目经理更准确地追踪物料使用情况，优化物流计划。

（七）施工现场的绿化

施工现场的绿化是绿色建筑施工中一个重要且具有创新性的环节，它不仅有助于改善周边的空气质量，还能有效减少尘土飞扬。绿化措施包括在施工现场周围种植树木、灌木和草地，这些植被能够吸收空气中的污染物，如粉尘和有害气体，并释放氧气。

施工现场的绿化有助于缓解"热岛效应"[①]，提供自然的阴凉区域，从而降低周围区域的温度。这不仅为施工工人提供了更舒适的工作环境，还减少了对空调系统的依赖，从而降低了能源消耗。

在实施施工现场绿化时，选择适合当地气候和环境的植物至关重要，这可以确保绿化措施的可持续性。通过这些绿化措施，施工项目不仅在环境保护方面做出了贡献，还展示了对公众和社区承担的责任。

（八）环境友好的施工方法

环境友好的施工方法在绿色建筑施工实践中发挥着至关重要的作用，包括采用干式施工技术和使用预制构件等策略。干式施工技术，如干墙系统和干式粉刷，不仅显著减少了对水资源的需求，还加快了施工进程，降低了湿式施工可能带来的水分相关问题，如霉菌生长和结构受潮。使用预制构件是另一种重要的环境友好型施工方法。预制构件在工厂内进行生产和组装，能够在受控的环境中提高材料的利用率，减少现场施工产生的废物和污染。预制构件的使用还能提高施工效率，缩短项目工期，从而减少施工现场的总体环境影响。

---

① 热岛效应（Urban Heat Island Effect）是指城市地区的气温相对于周围郊区明显更高的现象。这主要是城市地表的改变、大气污染和人为废热排放等因素导致的。热岛效应的强度通常用城市与郊区之间的温度差来衡量。这种现象不仅是城市气候的一个显著特征，还反映了人类活动对当地气候的影响。常见的热岛效应包括城市热岛效应和青藏高原热岛效应等类型。它是由于城市化过程中人为活动改变了地表属性和大气条件，从而影响了城市的局部温度、湿度和空气对流，引发了城市小气候的变化。

（九）健康安全管理

健康安全管理是保障施工现场工作人员福祉的核心要素。这涉及一系列措施和程序，旨在确保工作环境的安全性，减少施工过程中的事故和健康问题。首先，健康安全管理需要遵守严格的安全规范和指南，如正确使用安全装备、规范操作机械设备以及定期进行安全培训和演练。其次，健康安全管理包括对工作环境的持续监测，如空气质量、噪声水平和潜在的化学危害。这种方式可以及时识别和纠正可能对工人健康产生负面影响的因素。例如，使用防尘面罩和抽风设备可以减少呼吸道疾病的风险，而噪声控制措施则有助于防止听力损伤。最后，施工现场的紧急情况应急计划是健康安全管理的关键部分。这要求施工现场具备有效的应急设施和程序，如火灾报警器、急救设备和紧急撤离路线。

健康安全管理不仅关乎施工现场工作人员的直接福祉，还反映了建筑企业的社会责任和职业道德。通过实施这些措施，绿色建筑施工项目能够为所有参与者提供一个更安全、更健康的工作环境。

第二节　我国绿色建筑的发展历程与发展趋势

一、我国绿色建筑的发展历程

（一）跨行业的标准制定与实践推广

在我国，绿色建筑的概念不仅限于住宅和商业建筑，还扩展到多个行业和领域。为了推动绿色建筑理念的深入实施，我国制定了针对不同行业的绿色建筑施工评价标准，涵盖医疗、酒店及高层建筑等各个方面。

在实践层面，北京、上海、广州等经济较发达的城市，结合各自的地理位置和气候特点，积极开展了绿色建筑关键技术体系的集成研究和应用。① 这些地区通过推行绿色建筑项目，不仅提高了建筑能效和生态效益，还成为推动绿色建筑概念普及和技术创新的先行者。例如，北京的某些绿色生态小区和上海的一些生态办公楼，通过综合运用自然通风、太阳能利用、雨水收集等技术，展示了绿色建筑的高效和可持续性。

（二）示范工程与技术创新推动绿色建筑

目前，我国已建成了众多绿色建筑示范项目，这些项目在技术创新和可持续建筑实践方面起到了示范作用。例如，北京的北潞春绿色生态小区和锋尚国际公寓、广州的汇景新城，都是绿色建筑理念在实际建设中的应用典范。以"上海生态世博"和"北京绿色奥运"为背景的示范楼项目，如"上海生态建筑示范楼"和"清华大学超低能耗示范楼"，不仅在国内起到了行业引领作用，还在国际上展示了中国在绿色建筑领域的技术实力和创新能力。

面对全球经济一体化和日益严峻的环境挑战，发展绿色建筑已成为我国建筑行业的必然选择。

二、我国绿色建筑的发展趋势

我国建筑行业正逐渐接受并实践绿色理念。面对资源短缺和环境污染的挑战，建筑行业的转型显得尤为重要，推行绿色建筑施工管理已成为行业发展趋势及环境责任的体现。

绿色建筑施工过程中的环保举措和对自然资源的有效利用，不仅降低了成本，还减少了能源消耗、浪费和环境污染，对人类健康和社会资源保护起到了积极作用。

我国的建筑产业正逐步转向绿色建筑施工管理。绿色建筑施工管理得到了政府的政策和标准支持。推行绿色建筑施工管理成为响应环保趋势和保证行业长远发展的重要任务。

---

① 朱旭焰.生态建筑与城市建设问题的探讨[J].昆明大学学报，2005（2）：52-54.

第二章　绿色建筑施工管理的重要性

第一节　绿色建筑施工管理对环境的影响

一、生态环境

（一）生态环境概念及问题

根据沈洪艳编著的《环境管理学》，生态环境是指影响人类生存与发展的水资源、土地资源、生物资源以及气候资源的数量与质量的总称。它是一个关系到社会和经济持续发展的复合生态系统。生态环境问题主要是指人类为了自身的生存和发展，在利用和改造自然的过程中，对自然环境造成了破坏和污染，从而产生危害人类生存的各种负反馈效应。[①]

这些问题包括但不限于空气和水污染、土壤退化、生物多样性的减少和气候变化等。这些环境问题不仅影响着人类的健康，还威胁自然生态系统的平衡。随着工业化和城市化的加速，生态环境问题变得更加严峻，必须采取紧急和有效的措施。

（二）生态环境保护

生态环境保护的基本原则是坚持生态环境保护与生态环境建设并举。这意味着在加大生态环境建设力度的同时，必须坚持保护优先、预防为主、防治结合的原则。[②] 这些原则旨在彻底扭转一些地区边建设边破坏的被动局面，实现对生态环境的积极保护和恢复。

坚持污染防治与生态环境保护并重，意味着在实施项目时，应充分考虑区域和流域环境污染与生态环境破坏的相互影响和作用。这要求采取统

---

① 于群．基于生态安全的产业集聚区发展规划研究：以河南省商水产业集聚区发展规划为例 [D]．青岛：青岛理工大学，2010．

② 付朝辉．浅谈绿色建筑与生态环境 [J]．中小企业管理与科技（上旬刊），2011（7）：143．

一规划和同步实施的策略，把城乡污染防治与生态环境保护有机结合起来，努力实现城乡环境保护的一体化。[①]

生态环境保护的措施包括对自然保护区的设立和管理、对生物多样性的保护、对自然资源的可持续利用等。这些措施旨在保护和恢复自然生态系统，减少人类活动对环境的负面影响，同时为人类社会的可持续发展提供必要的支持。

生态环境保护是一个涉及多个领域和层面的复杂过程，它要求政府、企业和公众共同参与和努力。实施有效的政策和措施，可以促进生态环境的保护和恢复，从而为当前和未来的人类社会创造一个更加健康和可持续的生活环境。

二、绿色建筑与生态环境

（一）推行绿色建筑是生态环境的需要

生态环境直接影响着人类的生活质量，严重的生态环境破坏会反作用于人类的生活，因此大力发展节能省地型住宅，全面推广节能技术，制定并强制执行节能、节地、节材、节水标准的重要策略至关重要。按照减量化、再利用、资源化的原则，优化资源综合利用，是实现经济社会可持续发展的关键。[②]这不仅要求在新建筑设计中融入绿色元素，还要求对现有建筑进行绿色改造，以提高能效和减少环境影响。

（二）绿色建筑的误区

1. 绿色不等于高成本

很多人误以为绿色建筑代表着高成本和先进技术，但实际上，绿色建筑更注重长远的节能和环保效益。从建筑的全寿命周期来看，低能耗环保

---

① 付朝辉.浅谈绿色建筑与生态环境[J].中小企业管理与科技（上旬刊），2011（7）：143.

② 莫展河.关于建筑节能新技术推广对策[J].法制与经济（下旬），2011（7）：153-155.

材料的使用成本实际上是较为划算的。^① 初期可能成本较高，但长期来看，节能减排和维护成本会大大降低。

2.绿色建筑不局限于新建筑

绿色建筑不仅适用于新建筑物，还涉及对既有建筑的绿色改造。例如，改进供水和供电系统，推行计量付费，提高节约意识。供热系统的改革，如实施单户计量，可以减少能源浪费，符合生态环保的理念。此外，紧凑型城镇、小区和建筑规划设计在沿海地区的推行以及本土建筑的绿色改造也是关键任务。^②

3.建筑节能不只是政府的职责

生态环境与每个人息息相关，推行绿色建筑不仅是政府的责任，还是广大民众的共同事业。提高公众对绿色建筑的认识，使其了解绿色建筑不仅是外观绿化，还是包括节能、使用环保材料、室内环境质量和减少二氧化碳排放等多方面的综合考量至关重要。人们的认识和需求将促进绿色建筑在社会的广泛接受和应用。

总之，绿色建筑与生态环境息息相关，其推广不仅符合环境保护的要求，还是社会和经济可持续发展的需要。走出绿色建筑的常见误区，提高公众意识，实施有效的政策和措施，可以促进绿色建筑的发展，从而为保护生态环境、实现可持续发展目标做出重要贡献。

（三）推动绿色建筑的必要性

绿色建筑的发展对于解决能源紧张和环境污染的问题至关重要。建筑行业作为能源消耗的主要领域，其发展方向对能源危机有着直接影响。许多建筑由于高能耗和低效率，加剧了能源紧张的状况。因此，从资源节约和可持续发展的角度出发，发展绿色建筑成为一种紧迫的需求。

绿色建筑是解决气候污染问题的有效手段。建筑行业不仅对能源产生

---

① 付朝辉.浅谈绿色建筑与生态环境[J].中小企业管理与科技（上旬刊），2011（7）：143.
② 庄磊.浅议绿色建筑对生态环境保护的意义[J].中华民居，2012（2）：25.

压力，还是造成气候污染的重要因素。研究显示，很多能量消耗与建筑的建造和使用相关①，这对气候环境造成了显著影响。绿色建筑通过其低能耗和低温室气体排放的特点，为缓解气候变化问题提供了关键的解决方案。

为了保护生态环境、实现能源的可持续发展，维护人类生态平衡与和谐共进，推动绿色建筑的发展显得尤为重要。这种低碳环保、遵循自然生态原则的建设方式，不仅是应对当前生态挑战的有效策略，还是顺应人类社会发展趋势的必然选择。在全球面临能源危机和气候变化的背景下，绿色建筑的理念和实践对于地球生态环境的保护和人类社会可持续发展具有深远的意义。

（四）我国绿色建筑发展合理建议

下面在审视我国绿色建筑的当前发展现状并总结问题的基础上提出针对性的建议，以推动绿色建筑在我国的进一步发展。

1.完善绿色建筑的法律法规

任何事物的健康发展都离不开法律法规的支撑。应加快完善绿色建筑统一标准和地方标准体系的编制，确保这些标准能够适用于不同气候区和建筑类型。法律法规的支持，可以为绿色建筑的实施提供坚实的基础和保障。②同时，在完善法律法规的过程中，应加强对绿色建筑行业的监管力度，确保施工和运营过程中的环保标准得到切实遵守，以减少对环境的负面影响。建议鼓励绿色建筑法律法规的研发和应用，推动技术创新，降低绿色建筑的成本，使更多人能够受益于绿色建筑的可持续发展。

2.研究绿色建筑发展的理论与技术

理论研究和技术创新是推动绿色建筑发展的关键。应在吸收先进理论和技术策略的基础上，结合当地的地理、气候、文化和社会经济特点，创新和选择适合本土的绿色建筑技术，以形成适合的绿色建筑发展方向。这不仅包括建筑材料的选择和使用，还涉及建筑设计的创新、能源管理的高

---

① 庄磊.浅议绿色建筑对生态环境保护的意义[J].中华民居，2012（2）：25.
② 同①

效性、环境影响的全面评估以及建筑运营的可持续性。此外，重视建筑与自然环境的和谐共生，强调建筑在节能减排、水资源管理、绿色空间创造等方面的综合考量，也是发展绿色建筑的重要方向。通过这些综合性的研究和实践，人们可以在保证建筑功能和美观的同时，最大限度地降低对环境的负面影响，实现建筑领域的可持续发展。

三、绿色建筑与环境保护

（一）人类发展与环境问题的双重挑战

在追求经济和社会发展的同时，人类活动在不同程度上破坏着赖以生存的地球环境。环境问题已成为全球共同关注和研究的重要课题，其核心在于人类活动对周围环境的影响及其反作用于人类生产、生活和健康的问题。[①]

环境问题大致分为两类——原生环境问题和次生环境问题。

原生环境问题主要由自然因素引起，如由太阳辐射变化引发的暴雨、干旱和台风，或由地球动力和热力作用导致的地震、火山爆发等。这些问题通常超出人类能力的控制范围。

次生环境问题直接源于人类的社会经济活动，它们对自然环境造成了破坏。这些问题包括大气污染、水体污染、生态破坏、资源枯竭、水土流失、沙漠化、气候异常、地面沉降等。这些问题的特点是它们与人类的生产和生活方式密切相关，因此在某种程度上可以通过改变这些活动来缓解或解决。

（二）绿色建筑新模式

绿色建筑旨在提供安全、舒适、健康的居住与工作环境的新型建筑模式，强调资源高效利用和最小化环境影响。应遵循"四节两环保"原则，即节材、节水、节地、节能，以及外部生态环境保护和室内环境保护。结

---

① 韩守杰，王玉雅，郭红喜，等.浅谈绿色建筑与环境保护[J].价值工程，2011，30（19）：87.

合信息和网络技术的进步，绿色建筑采用智能控制系统，以优化资源使用和减少环境影响，同时增强居住舒适度。

在设计、施工和使用过程中，绿色建筑遵守严格的标准，采用节能技术和材料，利用自然气候条件和可再生能源，提升建筑保温隔热性能，能够有效降低能耗。[①]这种节能策略并非仅限于减少能源使用，而是在满足舒适度需求的同时提高能源效率。

绿色建筑的实践在我国各地已逐渐展开。例如，南京市一座装配式零碳建筑采用"江水空调"系统，结合光伏板实现能源自给自足。该建筑不仅能满足自身能源需求，还能向周边街区提供多余的清洁能源。

（三）绿色建筑的节能潜力

绿色建筑在我国建筑业中具有巨大的节能潜力。采用节能建筑材料和技术，改善建筑的热工性能，提高能源使用效率，不仅可以减少能源消耗，还能为环境保护和可持续发展做出贡献。绿色建筑的推广和应用是实现我国建筑业可持续发展的关键途径。

（四）绿色建筑对环境保护的多重益处

1.减少能源消耗

作为能源消费大国，我国严格按照新的建筑节能设计标准，推广绿色建筑模式，可大幅降低建筑能耗。

2.保护耕地资源和生态环境

当前我国耕地资源紧张，烧制黏土砖等传统做法破坏了大量耕地。绿色建筑通过推动可持续建材的开发和应用，减少了对黏土等耕地资源的依赖。同时，绿色建筑设计理念强调与自然环境的和谐共生，这可以减轻对土地开发的压力。

3.改善室内环境

舒适的室内环境对提高生活质量至关重要。绿色建筑通过降低建筑能

---

① 张金梦.建筑节能降碳管控趋严[N].中国能源报，2022-04-25（3）.

耗,提高室内热舒适性,实现冬暖夏凉,从而提升居住者的健康和生活品质。引入先进的室内空气净化技术,可以进一步改善室内空气质量,减少健康风险。

(五)建筑施工中的环境保护

建筑施工中的环境保护是城市可持续发展的重要组成部分。因此,除了关注施工进度和质量,环境保护也需受到高度重视。

1.强化制度管理

应增强环境保护意识并制定相关条例。采取有效环保措施的企业应获奖励,轻度污染的发出警告,严重者需停工或整改。违规企业则应受法律追究。

2.制定施工环保管理办法

需要制订环保实施方案,对施工人员进行环保培训和考核。施工现场应配备环保管理人员,负责日常环保管理和定期检查。对发现的问题应及时汇报和改正。实施奖惩制度,确保公开透明。

具体措施如下:控制建筑材料运输和储存,减少扬尘;合理处理施工现场污水和废弃物;使用低噪声设备,减少噪声污染;合理安排施工时间,减少光污染;及时清理施工垃圾,推动废旧材料再利用。这些措施能够提高施工环境质量,减少建筑对环境的影响,推进绿色可持续城市建设。

第二节 绿色建筑施工管理的社会效益与经济效益

一、绿色建筑施工管理的社会效益分析

(一)节省土地资源

节省土地资源是绿色建筑理念的核心之一,在规划设计阶段尤为重

要。① 通过尊重并充分利用原有地形地貌，绿色建筑避免了对未开发土地的无谓开发，特别是减少了对宝贵农业耕地的占用。通过精心设计，如采用立体建筑设计思路，建设地下或多层停车场，不仅大幅度提高了土地的利用效率，还减少了建筑对环境的影响。此外，通过合理规划绿地和透水地面，绿色建筑不仅增加了城市绿化面积，还通过自然渗透补充了地下水，有效缓解了城市排水系统的压力。这样的设计不仅体现了对自然资源的尊重和保护，也促进了生态平衡，实现了经济效益与环境保护的双赢局面。②

（二）节省能源

应根据建筑所在地区的地形、气候和日照条件，设计建筑物的高度和间距以节省能源。利用太阳能，如在建筑顶层安装太阳能设备，以收集能量进行发热和发电。外墙、屋面和门窗应采取节能措施，如使用隔热材料和低辐射玻璃，以提高节能效果。内部设计时要考虑到自然采光和通风，以减少照明能耗。建筑内部可以采用智能控制系统，自动调整室内温度和照明，以确保最佳的能源利用效率。合理规划建筑布局和使用可再生能源，可以降低对传统能源的依赖，减少碳排放，从而实现节能减排的目标。

应鼓励建筑业采用绿色建筑认证标准，以确保建筑在设计、施工和运营阶段达到高效的节能标准。政府可以和相关行业合作推动绿色建筑技术的研发和推广，降低绿色建筑的成本，使更多的建筑能够受益于节能措施。

（三）节约建材和使用绿色建材

在推动建筑业向可持续发展转型的过程中，节约建材和使用绿色建材是关键因素。这不仅涉及对自然资源的合理利用，还包括对环境保护的深度考虑。绿色建材的使用，意味着在建筑设计和施工过程中，尽可能地减少对环境的负面影响。例如，利用可再生材料、使用低能耗生产方式的材

---

① 刘丽莎.建筑节能再上新阶　为城乡建设贡献"绿色力量"[N].广东建设报，2024-01-16（4）.

② 刘虎.谈绿色建筑的发展应用与经济效益[J].山西建筑，2015，41（35）：192-194.

料以及具有较低环境影响的材料。

绿色建材应具备节能减排的特性，如良好的保温隔热性能，可以有效降低建筑物的能耗。在材料的选择上，应注重其可回收性和可持续性，如使用竹材、再生塑料、再生混凝土等。同时，建筑设计应注重材料的高效利用，避免浪费，如通过精确计算和切割，减少材料的损耗。

（四）节省水源

应推广节水技术和中水回用系统，用于建筑区内道路清洗、绿化等，减少水资源消耗，同时在绿化区实施全自动化滴灌技术，节约水资源的同时减少人力资源投入。

进行绿色建筑时，应考虑建筑物及其周边的自然和地理环境，遵循"三优"原则，即优化资源使用（减少使用、重新使用、循环利用），优化室内外环境（满足使用者需求，创造良好环境），优先考虑地域特性（尊重地区文化、地域风俗，就地取材，实现人与自然和谐共生）。[①]

在建筑设计和规划时，应立足长远，运用生态技术，防止环境污染，坚持"四节两环保""三优"原则，将建筑区域打造成小型生态系统，为人类创造一个健康、环保、舒适、美观的生活环境。

二、绿色建筑施工管理的经济效益分析

绿色建筑使用环保型材料，相比传统建筑能显著地降低对环境的负面影响，其效益分为显性和隐性两大类。显性效益主要体现在经济方面，通过比较绿色和传统建筑的能耗差异来评估，计算节约的能量和相应的经济效益。隐性效益则关乎环境保护和社会效益，包括使社会效益最大化和推动建筑业的持续健康发展。虽然初期成本可能更高，但从长期来看，绿色建筑在节约资源和减少环境影响（如减少碳排放）方面所带来的经济效益明显，对环境保护和可持续发展具有重要贡献。

考虑到碳排放因素在建筑物经济效益中的作用，建立模型如下：

---

① 刘虎．谈绿色建筑的发展应用与经济效益[J]．山西建筑，2015，41（35）：192-194.

$$q_i = \sum_{j=1}^{n} w_j q_j \qquad (2\text{-}1)$$

$$R_i = p q_i \qquad (2\text{-}2)$$

式中，w_j 为制约碳排放的因素所占的权重；q_j 为此因素对减少碳排放所做的贡献；j 为影响碳排放的因素，设共有 n 个；i 为建筑物开始建设之后的第 i 年；q_i 为在第 i 年各种绿色因素所减少的碳排放量；p 为碳排放的交易价格；R_i 为绿色建筑在第 i 年所带来的价值，即受其影响所造成的交易成本的减少。

建筑效益分析涉及对建筑成本和收益的综合考量，其核心在于将建筑未来的净现金流入按照适当的收益率进行当前价值折现，具体公式为

$$NPV = \sum_{i=1}^{m} (MI_i - MO_i)(1+r)^{-i} \qquad (2\text{-}3)$$

式中，NPV 为建筑的经济效益，即净现值；MI_i 为在第 i 年所带来的现金收入；MO_i 为在第 i 年的现金流出量；r 为一个基准收益率；m 为建筑运营的年数。

考虑到绿色建筑带来的附加效益，除传统建筑的成本和收益分析外，还需额外考虑绿色建筑因节能减排等环保特性所产生的经济价值。因此，模型就变为

$$NPV^{'} = \sum_{i=1}^{m} (MI_i - MO_i + R_i)(1+r)^{-i} \qquad (2\text{-}4)$$

具体而言，这个增加值等于减少的碳排放量乘碳排放的交易价格，反映了绿色建筑在降低能源消耗和减少温室气体排放方面的经济价值。这不仅体现在直接的能源成本节约上，还可能包括碳排放权交易所带来的收益以及长期的环境效益所转化的经济价值，即

$$\Delta NPV = \sum_{i=1}^{m} R_i (1+r)^{-i} = \sum_{i=1}^{m} \left(p \sum_{j=1}^{n} w_j q_i \right)(1+r)^{-i} \qquad (2\text{-}5)$$

绿色建筑的节能效益是其显著的优势之一。这种建筑类型的设计和运

营旨在减少能源消耗，同时确保室内外环境的舒适和健康。绿色建筑通过多种方式实现节能目标，如高效能源利用、可再生能源应用、建筑设计优化、节水效能的选择、建筑材料的选择、智能建筑管理系统等。假设在某绿色建筑示范项目的节能效益分析中，节能目标设定为65%，较传统建筑的50%节能标准高出15%。这意味着该项目能够更显著地节约能效。基于当地气候条件等因素的综合考量，该项目的空调系统年均能耗估计为4 606 370千瓦时（kWh）。通过以下公式计算节能量：

$$\Delta Q = Q \times (a_1 - a_2) = 4\,606\,370 \times (65\% - 50\%) = 690\,955.5\,\text{kWh} \quad (2\text{-}6)$$

由此看来，绿色建筑在节能方面的效益显而易见。它不仅在直接降低能源消耗方面有显著表现，还通过提高能效、利用可再生能源、优化设计等措施减少了对环境的影响。这种长期的、综合性的节能效果，使得绿色建筑成为推动可持续发展和环境保护的重要途径。

第三章　绿色建筑施工管理的核心原则

第一节　节能与资源

一、节能与能源高效利用

针对我国复杂多变的气候条件，建筑热工设计被划分为严寒、寒冷、夏热冬冷、夏热冬暖和温和5个分区。[①]除温和地区外，每个气候区的居住建筑要达到的节能率为50%。这意味着新建和改扩建的居住建筑必须在保持相同室内热环境的条件下，将其采暖和空调能耗降低至少一半。

（一）标准化管理

在判断节能设计是否达标时，现行的建筑节能设计标准提供了两条路径：硬技术和软技术。

1.硬技术侧重于建筑物的物理构造和设备效能

（1）高性能围护结构部件，如双层玻璃、保温墙体等。

（2）高效、节能的冷热源系统。例如，集中空调系统中选用的冷水机组或单元式空调机组须符合《公共建筑节能设计标准》（GB 50189—2015）的性能系数、能效比规定。

2.软技术聚焦于设计理念和方法

（1）先进的设计理念和方法，如建筑布局的优化。[②]

（2）使用计算机模拟软件进行精细设计，包括热环境、风场、日照、采光和通风的模拟，帮助设计师优化建筑设计，以降低能耗。

目前，发展绿色建筑产业，改变传统建筑材料的生产和使用方式，推广新能源和绿色建材等环保资源变得尤为重要。

---

① 陈芳.浅谈绿色建筑中的节能与能源利用[J].中外建筑，2010（10）：129-130.
② 同①

（二）建筑能耗模拟的发展历程与应用

建筑能耗模拟的发展始于 20 世纪 60 年代中期，当时许多学者开始使用动态模拟方法来分析建筑围护结构的传热特性，并计算动态负荷。随着 20 世纪 70 年代全球石油危机的爆发，建筑能耗模拟越发受到重视。此时，计算机技术的迅猛发展也为复杂计算提供了可能，促使世界各地出现了多种建筑能耗模拟软件，如欧洲的建筑性能模拟软件（ESP-r）、美国的基本局部对齐搜索工具（BLAST）、日本的硬件保护系统（HASP）以及我国的建筑环境及 HVAC 系统模拟的软件平台（DeST）等。①

进入 20 世纪 90 年代，建筑能耗模拟软件不断完善，出现了更多功能强大的软件，如 EnergyPlus②。同时，研究重点逐渐从模拟建模转向应用模拟，即将现有的模拟软件应用于实际工程和项目中，以改善和提高建筑系统的能效和性能。建筑能耗模拟在新建建筑和既有建筑中都有应用。对于新建建筑，模拟与分析可以帮助进行设计方案的比较和优化，确保其符合相关标准和规范，并进行经济性分析；对于既有建筑，则需要通过模拟和分析来计算基准能耗和制订节能改造方案。

在绿色建筑标准中，优化能耗性能的评估方法之一就是建筑能耗模拟。因此，无论在绿色建筑设计还是在建筑节能改造中，建筑能耗模拟都是一个至关重要的工具。

二、绿色建筑设计的节能主因素

（一）整体及外部环境的节能设计

整体及外部环境的节能设计是绿色建筑的核心，关注建筑与周边环境的互动。这包括建筑位置、朝向及其与周围建筑和自然环境的关系，旨在

---

① 陈芳.浅谈绿色建筑中的节能与能源利用[J].中外建筑，2010（10）：129-130.
② EnergyPlus 是一款先进的建筑能耗模拟软件，被广泛应用于建筑设计和研究领域。它由美国能源部开发，旨在帮助设计师和工程师评估建筑的能耗性能。EnergyPlus 以其精确和灵活的特点著称，可以模拟建筑的热负载、空气流动、照明、空调、加热和其他多种能源相关过程。

通过充分利用地形、植被和水体等环境特点，显著减少能源浪费。例如，在热岛效应严重的城市，绿化和水体引入可降低气温，减轻空调负担。

太阳辐射和空气流动是设计的关键考虑因素。建筑朝向和窗户布局应基于当地气候，以减少夏季热量和冬季寒冷。合理的遮阳和采光设计能够减少对暖通空调系统的依赖。同时，风洞模拟和空气流动分析有助于优化通风系统，提升室内空气质量和降低温度。

建筑材料选择至关重要。高隔热性能的材料可减少热量传输和能源损失，如外墙绝缘层和屋顶保温材料可有效减少热量流失，提升能效。

整体节能设计需从项目早期开始，要求设计师、环境专家和能源分析师紧密合作，制定最佳节能策略。在此过程中，应使用模拟工具和分析方法评估不同设计方案的节能潜力，确保后期无须大幅修改和增加成本。此设计方法不仅能降低能源消耗，还能提升居住者舒适度，符合可持续发展目标，是绿色建筑的关键组成部分。

（二）因地制宜，合理地选用材料

生态建材[①]是绿色建筑的关键元素，它们对于实现节能和环保目标至关重要。生态建材通常被称为"健康建材"、"环保建材"或"绿色建材"，因为它们对人类健康无害，对地球环境的负荷较小。在绿色建筑设计中，合理选用材料是保障建筑的可持续性和生态友好性的关键步骤之一。

生态建材可以分为天然建材和人工材料两类。天然建材包括木材、竹材、石材等，它们通常具有天然的抗菌、隔热、隔音等特性，适用于各种建筑环境。人工材料则是在生产和使用过程中对环境负荷较小的材料，如低挥发性有机化合物和环保型绝缘材料。合理选用这些材料可以降低建筑

---

① 生态建材是指绿色天然、环保安全的建筑材料，主要有三类。一是基本无毒无害型。这是指天然的，本身没有或有极少有毒有害的物质、未经污染、只进行了简单加工的装饰材料，如石膏、滑石粉、砂石、木材、某些天然石材等。二是低毒、低排放型。这是指经过加工、合成等技术手段来控制有毒、有害物质的积聚和缓慢释放，且因其毒性轻微而对人类健康不构成威胁的装饰材料，如甲醛释放量较低、达到国家标准的大芯板、胶合板、纤维板等。三是科学技术和检测手段无法确定和评估其毒害物质影响的材料，如环保型乳胶漆、环保型油漆等化学合成材料。

对环境的影响，提高室内空气质量，保护居住者的健康。

根据当地情况合理选用材料至关重要。不同地区的气候和资源状况不同，因此需要根据具体情况来选择建材。在寒冷地区，需要选用具有良好隔热性能的材料，以减少供暖的能源消耗。例如，某建筑采用了高质量的绝缘材料来构建屋顶、墙体和地面，以确保在寒冷的冬季保持舒适的室内温度，从而降低了中央暖气系统的使用频率。其中，外墙采用夹心构造，内芯厚度为300毫米的矿毛绝缘纤维可以保证吸收的热量在5天内不会消散，减少了能源浪费；窗户采用木窗框和三层玻璃，既具有良好的隔热性能，又能吸收太阳热量，减少了室内外温度的传导，降低了空调系统的使用频率。在炎热地区，可以选择具有良好隔热性能的材料，以降低空调系统的使用频率。同时，可以充分利用当地的资源，如使用当地产的建筑材料，降低对外来特殊材料的依赖，减少运输和碳排放。

（三）外围结构节能

1. 主墙体设计和构造

绿色建筑中的墙体设计关乎隔热和保温。目前，轻质保温墙体逐渐取代了传统实心砖墙，具有一材多用的功效。复合墙体类型有内保温墙、中间层保温墙和外保温墙。内保温墙在内墙黏合绝热材料，中间层保温墙在外墙和内墙间添加绝热层，外保温墙将绝热材料黏合于外层。尤其在北方地区，外保温墙因其能有效抵抗恶劣天气而被广泛应用。

2. 檐口构造

绿色建筑中的檐口须确保外墙保温层与屋顶保温层连接，防止顶棚结露。这种设计有助于维持热性能，防止热量流失，保持室内温暖。

外围结构节能设计和构造对绿色建筑至关重要。选择适当的墙体结构和檐口方式，可以提升建筑隔热性能，降低能耗，增强居住者舒适度，实现节能目标。这些因素应在设计和施工阶段得到重视，保证建筑长期节能性能和可持续性。

（四）采光设计要合理

在夏日，阳光直射和热辐射是影响居室热环境的重要因素，也是影响居民心理感受的关键。[1]因此，采光设计应考虑当地气候条件，经过精确计算，确定住宅区的布局与单个住宅的关系，分析建筑群是否能满足采光和遮阳需求。建筑的体型系数，即表面积与体积的比值，与热工性能密切相关。[2]直面建筑的热损耗通常大于曲面建筑。在相同体积下，集中布局的建筑热损耗小于分散布局。在具体设计中，应控制建筑物层高，减少外墙面积，降低凹凸变化，尽量采用规则的平面形式。

（五）门窗节能设计

门窗在建筑设计中的作用确实是多方面的，它们不仅关系到建筑的美观、采光、通风和保温隔热性能，还直接影响到能源效率和居住者的舒适度。现代建筑越来越重视环保和能源节约，因此在门窗的设计和材料选择上也展现出了创新和进步。

现代门窗设计采用的高效节能玻璃材料，如中空玻璃、热反射玻璃和吸热玻璃等，具有优良的隔热保温性能。这些玻璃通过减少热量的传递来维持室内的温度稳定，从而减少制冷和采暖时的能源消耗。同时，这类玻璃可以减少紫外线的侵入，保护室内家具不受损害，提高居住者的舒适度。

门窗的设计重视提高建筑物的采光效率和通风条件。合理的门窗布局和设计可以最大限度地利用自然光，减少日间室内照明的需要。此外，改进开启方式，如设置可调节的通风口，可以改善室内空气质量，同时减少对空调和通风系统的依赖。

在选择门窗时，考虑建筑所在地的气候条件和建筑物的具体需求是非常重要的。因为不同气候区域的建筑对门窗的隔热、保温和通风需求不同，合理选择门窗可以有效提高能源利用效率，同时满足居住者对舒适度的要求。

---

[1] 万焕新.基浅析生态健康理念在建筑施工中的运用[J].工业设计，2011（6）：216，218.

[2] 张宗杰.探讨当前绿色建筑设计[J].门窗，2016（2）：103-104.

确保门窗具有良好的密封性能，对于防止热量流失、减少外部噪声和尘埃的侵入至关重要。定期的门窗维护和正确的安装也是确保其长期保持最佳节能效果的关键。

门窗的美学设计不可忽视。选择与建筑风格相匹配的款式和颜色，不仅能提升建筑的整体美观，还能反映出建筑设计者的审美和细心程度。

（六）建筑屋面空间的绿化设计

建筑屋面的绿化设计涉及在屋顶种植绿色植物，充分利用植物的光合作用。[①] 由于不同地区太阳辐射差异，应选择合适的植物品种。屋顶绿化的主要作用是阻挡直射阳光，通过植物吸收太阳能和植物的蒸腾作用，显著降低屋面周围温度。例如，覆盖屋顶的植物在冬季能减少室内热量散失，在夏季开花则能使屋顶变成美丽的花园。这种设计使居民在采暖和制冷上比常规住宅节省了90%的能源。

在降雨丰富的地区，通过雨水和生活污水的回收利用，可将水消耗量减少1/3。降雨后，屋顶和花园的集水设施将雨水输送至地下储水器，通过自动净化过滤器处理后，将水用于清洗卫生间、灌溉植物等。这种系统不仅节能环保，还增加了城市的绿色空间。

（七）建筑设备的节能设计

在建筑设备的节能设计中，应将重点放在采暖空调系统和其他电气设备上，具体如下。

1.采暖空调

节能设计应从采暖系统热源出发，优化供暖系统，以改善供暖效果并降低能耗。在空调节能系统设计中，应避免过多的太阳辐射，同时考虑建筑的内部结构，合理设计外窗的大小和朝向，以达到节能目的。

2.其他电气设备

电气和卫生器具的节能设计与人们的生活密切相关。在电气节能方面，

---

① 杜新纪.关于绿色建筑设计节能主因素的探讨[J].城市建筑，2013（6）：28, 32.

31

设计师应考虑光源的实际状况，尽量利用自然光，并将其与设计相结合，以确保电能节约。在灯具选择上，应优先使用高效节能的荧光灯，减少能源浪费。对于卫生器具的节能设计，可选择节水型器具来减少日常用水量，从而避免水资源浪费。①

（八）利用新能源

在现代节能建筑设计中，新能源的利用是一个重要环节，主要包括太阳能、自然风和地下水的应用。

1.太阳能的应用

太阳能是一种广泛的、可再生的能源，特别在日照时间长的地区具有显著的应用潜力。在我国，太阳能的利用已经相当普遍，如太阳能热水器、充电器、保暖设施和照明设备等。在节能建筑设计中，可以根据不同地区的日照情况和地理特征进行定制化设计，有效地利用太阳能。这样不仅能减少对电力的依赖，还能节省能源消耗。

2.自然风的应用

自然风是供冷系统中的一个重要部分，特别是在室外空气温度低于室内时。在供冷期的过渡季节和夜间，可以利用室外风的自然冷量来满足室内的冷负荷需求，如通过新风直接供冷或夜间通风蓄冷。②利用自然风比常规空调系统更节能，能够减少电力使用，同时减少环境污染，并改善室内空气品质。

3.地下水的应用

由于地层的隔热作用，地下水的温度变化较小，可直接作为暖通空调系统的冷源或热源。③地下水作为水源热泵的热源，展现了良好的节能前景。利用地下水进行制冷或供暖，能有效降低能耗，对环境影响较小。

---

① 胡泊.探讨绿色节能理念在建筑设计中的应用 [J].城市建筑，2013（14）：28.

② 吴秋成.浅谈环保节能技术在暖通空调系统中的应用 [J].低碳世界，2016（1）：122-123.

③ 杨阳.高层建筑节能设计的常见问题及对策 [J].节能与环保，2021（10）：44-45.

总之，合理地利用新能源，可以大幅度提高建筑的能效，为可持续发展做出贡献。

（九）对可再生能源的循环利用

可再生能源在绿色建筑中的循环利用是实现可持续发展的关键策略。这包括对建筑材料和设计的综合考虑，以确保能源效率最大化和环境影响最小化。

第一，关注建筑的围护结构热效率至关重要。使用高效绝缘材料和优化外部设计，如合理的窗户布局和阴影策略，可以显著减少热能损失，降低供暖和制冷需求。

第二，高效的供热、通风和空调系统是必需的。合理规模的系统不仅能提高能源利用效率，还能保障室内环境质量。使用智能控制系统可以进一步优化这些系统的性能。

第三，积极利用太阳能和风能等可再生能源，可以减少对传统能源的依赖。例如，太阳能光伏板和风力发电机可集成于建筑设计中，同时保持美学和功能性。

第四，建筑垃圾的综合处理是关键。将废物管理和资源循环利用策略融入建筑设计，可以显著减少废物产生，提高资源回收利用率。

第五，在照明和电气设备方面，选择高效节能的灯具和电器是节能的关键。室内空气质量的管理也同样重要，如使用低挥发性有机化合物材料，保证空气新鲜，保障人类健康。

第六，公共空间的设计应充分利用自然光，同时提供宜人的户外环境。应使用对人体影响较小的清洁和维护材料，减少化学成分的挥发性。

第七，采用可循环材料，如钢铁和铝材，可以促进建筑组件和设备的再利用，减少建筑垃圾。

三、能源节约与水资源利用

（一）能源节约在绿色建筑中的应用

在设计绿色建筑时，必须充分考虑各种能源的节约与高效利用，并将可再生能源整合进建筑设计中，有效地替代传统不可再生能源。[①] 这种做法不仅支持建筑行业的可持续发展，还有助于缓解社会发展中的能源短缺问题，并减少传统能源带来的环境污染。

太阳能光伏作为可再生能源的主力，在绿色建筑中的应用尤为关键。应发展智能光伏产品和技术，构建适用于建筑屋顶、城镇、建筑节能和生态化交通网络等的多样化智能光伏产品体系。智能光伏系统应用于居民屋面，推进太阳能技术的耦合与发展，如智能光伏直流系统、太阳能路灯等直流负载应用。同时，应积极开展光伏发电、储能、直流配电、柔性用电一体化的建筑建设示范。

光伏建筑一体化（Building Integrated Photovoltaic, BIPV）是未来的主要发展趋势。这种方法将光伏产品与建筑材料完全融合，既满足发电功能，又兼顾建筑的基本功能和美学要求，实现了光伏能源和电网效益的最大化。通过这些措施，绿色建筑在能源节约和环境保护方面将发挥越来越重要的作用。[②]

（二）绿色建筑中的水资源可持续利用

水资源的节约和可持续利用是绿色建筑设计的关键要点，主要包括非传统水源的利用，如中水回用和雨水回用。回收的生活污水和雨水经处理后可用于绿化灌溉、车辆和道路清洗等。

① 吴路阳.我国绿色低碳建筑发展现状及展望[J].建筑，2023（7）：42-44.
② 万雄.绿色建筑设计及其实例分析[J].城市建筑，2013（12）：25，28.

1. 中水回用

中水①回用是解决水资源短缺的有效方式，主要涉及生活中产生的高质量杂排水，如冷却水、淋浴排水、盥洗排水等。经处理后，这些水可用于绿化、景观、喷洒路面等。中水处理站一般设置于建筑地下室，可实现近距离回用，缩短输送距离，减轻城市给排水管网负担，对缓解水资源不足、减少水质污染具有重要意义。

2. 雨水回用

雨水回用包括集蓄净化回用和渗透补充地下水。集蓄净化回用是将屋面雨水经沉淀、过滤后存入蓄水池，通过水泵输送至用水点回用。渗透补充地下水则通过屋顶花园、下凹绿地、透水路面和渗透管沟等方式进行。雨水回用不仅能有效利用建筑屋顶及周边的雨水，促进其渗入土壤，还从美学角度结合景观设计，具有功能性和观赏性，是雨水资源化的主要趋势。

例如，北京学府壹号院融合了绿色建筑、预制式建筑、超低能耗建筑和健康建筑等技术，为居住者创造了绿色、科技、舒适的宜居环境。该建筑采用雨水回用系统，将屋顶和庭院的雨水用于园区内的绿化植物灌溉，减少了市政供水依赖，减轻了城市径流压力。下凹式绿地设计不仅能净化雨水，还能增加城市绿色空间，提升生态美学。这种雨水综合利用方式可以节约水资源，彰显了绿色建筑在水资源方面的创新和实践。

绿色建筑在低碳战略背景下具有绿色、科技属性，是未来房屋的必备特征，以技术提升居住健康已成为行业进步的要求。倡导绿色建筑已成为主题，为此人们需深刻认识其对生活的重要意义。绿色建筑是建筑可持续发展的关键，应因地制宜设计，为居民创造健康舒适的环境。因此，人们需提升绿色建筑发展质量，改进节能水平，加强既有建筑改造，促进可再生能源应用，推动绿色城市建设。②

---

① 中水是指废水或雨水经过一定的处理过程，达到了一定的水质指标后，可以进行有益使用的水，也被称为再生水。

② 姜中桥，梁浩，李宏军，等.我国绿色建筑发展现状、问题与建议[J].建设科技，2019（20）：7-10.

第二节 可持续材料使用

一、绿色建筑材料的含义

绿色建筑材料，也称为生态建材、环保建材和健康建材，旨在实现可持续发展和环境保护，以使人类对地球的负担最小化和促进人类健康为目标。它们从原料选择到生产、废料处理乃至再循环利用的每个阶段，都注重减少污染和提高效率。绿色建筑材料不仅利用废弃物，还创造无污染、健康的居住环境。鉴于其在环保和可持续发展方面的重要性，应推动其在建筑行业的应用，以促进人与自然的和谐共存。

二、绿色建筑材料和可持续发展

绿色建筑材料对可持续发展有深远影响。它们通过有效利用低品位矿石、工业废渣和可再生资源来节约矿产资源，减少能源消耗和二氧化碳排放，同时减轻天然矿物煅烧的环境污染。这些基于高新技术的材料，如高性能贝利特水泥和高性能砖，不仅提高了建筑材料性能，还降低了能源和资源消耗，有望在经济和社会效益方面取得显著成果。

从经济角度看，采用工业副产品和废弃物制造绿色建筑材料可以降低成本，为人类提供市场经济环境下可持续发展的潜在经济动力。绿色建筑材料不使用对人体有害的化学物质，减少了室内环境污染和致癌物质风险。绿色建筑材料减少了大气污染物排放，如二氧化碳和二氧化硫，改善了大气质量，减少了酸雨和气候异常，有助于维持地球生态平衡。

三、绿色建筑材料的三个理念

（一）因地制宜，遵循客观规律

绿色建筑材料的第一个理念是根据城市的生态承载力和生态平衡原则来选择和应用材料。这要求人们深入了解城市的生态特点，明智地使用当地可获得的资源，以满足建筑的功能需求。城市的气候、地理位置和生态因素都会影响建筑材料的选择。因此，在建筑设计中，必须考虑气候特点，挖掘和提升当地的建筑材料和技术，以创建符合可持续原则的节能和环保的居住环境。

（二）开展探索性研究

绿色建筑材料的第二个理念是积极进行探索性研究，建立我国绿色建筑材料的研发体系。这包括制订绿色建筑材料的近期和长期发展计划、建立绿色建筑材料的数据库以及开展评价技术的研究。绿色建筑材料应该采用清洁生产技术，尽量减少对自然资源和能源的依赖，大量利用工业或城市固态废物进行生产。这些材料应该无毒害、无污染、无放射性，有利于环境保护和人体健康。[①]

（三）具体问题具体分析

绿色建筑材料的第三个理念是根据具体问题进行具体分析，制定明确可量化的材料评价指标。这就需要了解绿色建筑材料的使用功能。我国已经开发出了一系列绿色建筑材料，如纤维强化石膏板、环保内外墙乳胶漆、环保地毯等。这些材料在室内装饰中有广泛的应用，它们减少了有害物质如甲醛、卤化物、苯等的释放，对于维护人体健康至关重要。评价绿色建筑材料的指标可以分为单因子评价和复合类评价。单因子评价主要用于卫生类指标，如放射性强度和甲醛含量，一项不合格即不符合绿色建材标准。

---

① 梅杨.浅谈绿色建筑材料的发展与推广[J].河南广播电视大学学报，2008（3）：111-112.

复合类评价涵盖了挥发物总含量、人类感觉试验、耐燃等多个方面的指标。综合考虑各种有害物质含量和释放特性，以科学的测试方法确定可度量的评价指标是十分重要的。

四、绿色建筑材料的选择

（一）绿色建筑材料的特性

选择的绿色建筑材料应具备以下特性。

1. 绿色建筑材料应具备环保性和高效性

绿色建筑材料必须具备环保性，这意味着采用可再生资源，减少对有限木材的依赖。同时，在生产过程中应采用清洁能源，以减少废气、废水和固体废物的排放。绿色建筑材料还应具备高效性，应具备有效隔热、保温、防潮、防水等功能，以提高建筑的能效和舒适度。

2. 绿色建筑材料应具备安全性和舒适性

绿色建筑材料必须具备安全性和舒适性。安全性意味着材料不会释放有害气体，不会引发火灾或其他安全问题，确保建筑物的居住者免受潜在威胁。舒适性则强调材料的质量，旨在提供令人满意的室内环境。这包括材料无异味、无污染，不含有害物质，以维持空气清新和健康。绿色建筑材料的安全性和舒适性是其关键特点，要使建筑物不仅环保，还能够提供安全、宜居的生活空间，满足人们对健康和舒适的需求。这不仅有益于个人的生活质量，还有助于保护环境和可持续发展。

3. 绿色建筑材料应具备可回收性和可重复利用性

绿色建筑材料应具备可回收性和可重复利用性，在达到使用寿命尽头后，可以被回收并再次利用，从而减少对环境造成的负担。这一特性有助于降低资源的消耗，从而降低废弃物处理难度。可回收性意味着建筑材料的组成部分可以分离和重复利用，而不必被彻底废弃。这有助于推动循环经济，减少了对新原材料的需求，降低了对自然资源的开采压力。可重复利用性减少了建筑垃圾的产生，降低了人们对垃圾填埋场和焚烧设施的需求，有益于环境保护和可持续发展。因此，绿色建筑材料的可回收性和可重复利用性对于实现可持续建筑和减少资源浪费至关重要。

绿色建筑材料的选择应注重环保性、高效性、安全性、舒适性、可回收性和可重复利用性等方面。合理地选择和应用绿色建筑材料，可以促进可持续发展，实现经济、社会和环境的和谐共存。

（二）绿色建筑环保墙体材料

1. 混凝土空心砖

主要原料：混凝土空心砖以水泥、沙石等作为主要集料，同时添加粉煤灰作为掺合料。

制作过程：这些原材料先经过加水搅拌成型，然后通过自然养护制成。

特点：混凝土空心砖可以根据具体工程需要制作成多种规格，以满足建筑工程的不同应用需求。混凝土空心砖是目前使用较广泛的绿色环保墙体材料之一。

2. 加气混凝土

主要原料：加气混凝土的主要原料是粉煤灰或硅砂，同时添加石膏、水泥、石灰等。

制作过程：加气混凝土先通过高温蒸压养护切割，然后进行自然养护。

特点：加气混凝土不仅具有良好的保温隔热性能，还具备出色的抗裂和抗渗性能。它的制造能耗相对较低，可以有效减少原材料的使用，从而减少土地资源的占用。由于密度较小，它还可以降低运输能耗。[1]

3. 模网混凝土

构成：模网混凝土是一种新型墙体材料，由蛇皮网、加劲肋和折钩拉筋构成混凝土剪力墙结构。[2]

应用领域：广泛应用于工业建筑和民用住宅的内外墙体、楼梯及屋盖等。

---

① 唐黎标.环保建材在建筑工程中的应用 [J].上海建材，2017（1）：20-21.
② 同①

特点：模网混凝土具有强大的结构支撑能力，适用于大跨度的建筑，可提高施工效率。

4.纳士塔空心墙板承重墙体

构成：纳士塔空心墙板由聚苯乙烯颗粒、水泥、添加剂和水制作的隔热吸声水泥聚苯乙烯空心板构件组装而成。[①]

特点：纳士塔空心墙板的重量仅为同体积混凝土的 1/7 ～ 1/6，可以有效减轻基础的荷载，降低基础投资成本。在地基承载能力不变的情况下，可增加建筑物的层数。

这些绿色环保墙体材料都具有各自的特点和优势，它们的应用有助于减少资源消耗、提高能效、改善建筑性能，从而推动可持续建筑的发展。选择合适的材料可以满足不同工程的需求，并在保护环境的同时提高建筑的质量和可持续性。

（三）绿色环保外墙保温隔热材料

在现代建筑中，绿色环保外墙保温隔热材料的选择越来越重要。下面介绍一些常见的材料及其特点。

1.岩棉

主要原料：玄武岩或辉绿岩，补助料。

制作过程：高温熔融离心吹制成人造无机纤维。

特点：岩棉外墙保温隔热系统具有高透气性、高抗压抗拉强度、高防火性和高隔音性等优点，具备长期稳定性和可靠性，被广泛应用于外墙保温隔热和绿色环保改造。

2.聚苯乙烯泡沫塑料

特点：密度小、导热系数小、尺寸精度高、结构均匀。

限制：在高温下容易软化变形，防火性能较差，不适用于高防火要求的外墙内保温隔热。[②]

---

① 唐黎标.环保建材在建筑工程中的应用[J].上海建材，2017（1）：20-21.
② 苏园园.节能绿色环保建筑材料在工程中的应用[J].江西建材，2016（4）：88，93.

3.低辐射玻璃

特点：经表层多层金属膜镀膜处理，能提高视觉效果并过滤紫外线，减轻太阳辐射对人体健康的影响。

应用：用于装饰，提高施工效率，创造更好的室内环境。

这些绿色环保外墙保温隔热材料各有特点，可根据建筑需要和环境要求进行选择，以提高建筑的节能性、环保性和舒适性。

五、发展绿色建筑材料的途径

（一）传统建筑材料的绿色化

1.水泥的绿色化

（1）新型水泥生产技术。自20世纪80年代以来，国际水泥工业采用悬浮预热和预分解技术，形成了新型干法水泥生产方法，这些方法具有现代高科技特点，符合优质、高效、节能和环保的标准。[①] 在某些国家，部分水泥厂已实现零污染，成为绿色工厂。

（2）特种和新品种水泥。例如，陶瓷石可在常温下固化，是一种节能免烧水泥。未来可以开发智能水泥[②]或具有热电及压电作用的功能水泥，这类水泥对环境比较敏感，能够响应环境变化。

2.混凝土的绿色化

（1）高性能混凝土。这种混凝土以耐久性为主要设计指标，通过采用现代技术大幅提高传统混凝土的性能。其材质在100年至300年甚至更长时间内不会出现劣化，并且环保。这种混凝土掺加了更多工业废渣细掺料，节约了熟料水泥，减少了环境污染。

（2）商品混凝土的推广。与现场拌制混凝土相比，商品混凝土可以改善施工现场的噪声、粉尘、污水等污染问题，但价格较高。因此，必须加

---

① 龚平.建筑材料生态化探析[J].建材发展导向，2006（3）：54-56.
② 应雪丹，蒋涛.论建筑材料可持续发展的对策与技术途径[J].山西建筑，2011，37（6）：99-100.

强技术、制度和经营方面的创新，降低生产成本，加快混凝土绿色化步伐。

（3）废混凝土的再生循环。再生混凝土的开发应用可以缓解天然骨料的匮乏和混凝土废弃物对生态环境的影响。但由于再生骨料的物理特性，还需要加强技术研究，以解决其强度、收缩等问题，扩大废混凝土的再生利用率和使用范围。[①]

（4）绿色混凝土外加剂的使用与开发。外加剂虽然促进了混凝土新技术发展，但也存在对环境和人体的潜在危害。因此，开发新型无毒高性能外加剂变得尤为重要。随着建筑行业技术的进步，外加剂在工程建设中的重要性日益凸显，已成为绿色混凝土不可或缺的组成部分。

（二）采用高新技术研制与开发新型绿色建筑材料

绿色建筑材料采用环保节能原料，通过清洁生产技术，保护环境和人体健康。典型的绿色建筑材料包括石膏板（防火、隔音、轻质高强）、瓷砖（耐水、耐磨、易清洁）、铝合金门窗（轻质、高强、节能）、生态木地板（防火、防虫蛀、防腐）和绿色混凝土（环保、节能）。

绿色建筑是人类与自然和谐相处的象征，对地球和未来生命至关重要。绿色建筑材料的可持续发展需要全社会关注和支持。未来应共同努力，采用高新技术研制与开发新型绿色建筑材料，为后代创造更好的世界。

第三节　绿色建筑施工管理的生态与环境保护

一、可持续发展的必然选择

传统的建筑方式以消耗大量资源和能源、破坏生态环境为代价，已经无法适应现代社会对可持续发展的要求。在这样的背景下，绿色建筑作为一种新兴的建筑理念和实践应运而生，并迅速得到广泛的认可和应用。绿

---

① 龚平．建筑材料生态化探析 [J]．建材发展导向，2006（3）：54-56．

色建筑强调在建筑设计、施工和运营全过程中，充分考虑节能、环保、经济、适应性等方面，通过采用先进的技术和材料，最大限度地减少对环境的负面影响，同时提高建筑的舒适度和能效。

绿色建筑不仅有助于推动建筑行业向更加可持续的方向发展，还是实现我国经济、社会和环境协调发展的重要途径。随着城市化进程的加速和人们对美好生活的追求，绿色建筑将成为未来建筑行业的主流趋势，为创造更加美好的人居环境和社会福祉做出积极贡献。

二、绿色建筑对城市生态环境的保护

（一）城市生态环境的概念及构建要求

1.城市生态环境的概念

广义上，城市生态环境是基于人与自然关系深刻认识的新文化观念，它依据生态学原则，建立社会、经济、自然协调发展的新型社会关系，通过有效利用环境资源，促进城市的可持续发展，形成全新的生活方式。[①]狭义上，城市生态环境是指依据生态学原则设计的城市建筑，追求高效、节能、健康、和谐、可持续发展的居住环境。

2.生态环境与生活环境的关系

人们应将保护和改善生态环境视为核心任务，强调生态环境对生活环境的重要性。生态环境与生活环境之间的关系密切。[②]事实上，生态环境的状况直接影响着人们的生活质量和健康。如果生态环境受到破坏，如空气和水被污染、土壤退化以及生物多样性丧失，将会对生活环境产生负面影响，使人类的生活质量下降。

因此，保护生态环境被视为实现更好生活环境的基础。维护生态平衡、减少污染、保护自然资源，可以创造更清洁、更健康、更宜居的生活环境，

① 王一.城市设计概论[M].北京：中国建筑工业出版社，2019：45.
② 贺蓓.绿色建筑对生态环境经济效益的研究[J].质量与市场，2022（12）：172-174.

提高人们的幸福感和生活质量。生态环境和生活环境之间的紧密联系强调了环保的紧迫性，人类应加倍努力，确保未来世代能够享受良好的生活条件。

3.城市生态环境构建要求

城市生态环境建筑应充分利用自然资源，采用当地材料，避免破坏自然环境和生态失衡。随着人们环保意识的增强，现代城市建设者开始注重环境保护，倡导回归自然。城市生态环境建设应纳入绿色建筑，其核心理念是节约资源。绿色建筑的发展对缓解资源紧缺具有重要意义。城市生态环境的构建应以人为本，倡导人与自然的和谐相处，这是构建和谐社会的必要条件。

（二）绿色建筑保护城市生态环境的具体做法

人与自然和谐相处是社会和谐发展的关键，而推广利用可再生资源，倡导发展节约型社会、发展循环经济是城市发展的必然选择。因此，城市生态环境构建中倡导绿色建筑，是我国建筑事业实现健康、协调、可持续发展的重大战略。

为了充分发挥绿色建筑的作用，应尊重自然生态规律，本着和谐共生、健康安全、可持续发展的原则，提高科技能力以实现有效的自我约束。这包括控制资源的过度开发，开发新技术，鼓励创新，并尽可能使用可再生资源和能源。同时，城市建筑中应大力推广绿色建筑，从每栋建筑到社区、城市，乃至整个建筑行业，促进绿色建筑、绿色社区、绿色城市的发展，为我国城市构建良好的生态环境和未来发展奠定坚实基础，打造人与自然和谐相处的理想绿色生态环境。①

绿色建筑在保护城市生态环境中的具体做法如下。

1.节能减排

使用高效节能的设备和系统，可以大幅减少建筑对电力和燃料的消耗。例如，采用高效空调系统、LED照明以及智能控制技术，可以降低建筑运

---

① 袁荣.浅论建筑节能的重要性[J].西部探矿工程，2009，21（10）：192-194.

行过程中的能源消耗；通过最大化利用自然通风、自然采光和外墙保温材料，建筑可以有效减少制冷和采暖的需求，从而减少碳排放。

2.水资源管理

绿色建筑通过使用雨水收集和废水回用系统，可以减少对市政供水系统的压力。具体来说，建筑应设置雨水收集池，收集的雨水可以用于景观灌溉和厕所冲洗等非饮用用途，从而有效降低用水量。如果再配合低流量水龙头和节水卫浴设备，就可以大幅提高建筑整体的水资源利用率。

3.选择绿色建筑材料

在建造绿色建筑时，选择环保、可再生或可回收的建筑材料可以从根源上降低建筑对城市生态环境的破坏。例如，采用再生钢材、废旧玻璃以及环保型混凝土等，不仅减少了新材料的使用，还降低了对自然资源的消耗和污染物的排放，从而减少了对环境的危害。

4.废弃物管理

在建筑施工过程中难免会产生废弃物，通过精确的材料计算可以减少施工浪费，从而减少建筑废弃物的产生。同时，对建筑产生的废弃物进行分类处理和回收再利用，可以有效减少填埋场的废弃物量，减轻对环境的污染。

5.利用可再生能源

在建筑上安装太阳能光伏板、地源热泵等可再生能源设备，可以减少对传统化石能源的依赖，降低城市热岛效应的产生概率。例如，光伏一体化的屋顶设计不仅可以有效发电，还能发挥隔热保温的作用，进一步提高建筑的能源效率。

第四章　绿色建筑评价标准与体系

第一节　国际绿色建筑标准

国际绿色建筑标准是一系列准则和规定，用以指导建筑设计、施工和运营，以实现环境可持续性和提高能源效率。这些标准涉及建筑的多个方面，包括能源使用、水资源管理、建筑材料的选择、室内环境质量和建筑对环境的整体影响。国际上有几个主要的绿色建筑评估体系和认证标准，下面介绍其中一些评价体系及其特点。

一、美国 LEED 评价体系及其特点

能源与环境设计领袖评价体系（Leadership in Energy and Environmental Design, LEED）是由美国绿色建筑委员会（USGBC）开发的一套评估绿色建筑的标准。[①] 作为国际上商业化运作较成功的绿色建筑评价标准之一，LEED 在全球范围内广受认可，尤其在美国，LEED 在推动绿色建筑的发展中发挥着关键作用。LEED 的特点如下。

（一）综合性评估标准

LEED 是一种综合性的绿色建筑评估标准，涵盖了建筑的全生命周期，包括建筑设计、施工、运营和维护。这种全面的评估方法不仅关注建筑的能效和环境影响，还考虑到建筑的室内环境质量、材料的可持续性以及建筑对周围环境的影响。通过评估这些不同的方面，LEED 旨在推动建筑项目在环境保护、资源效率和用户健康三个关键维度上的优化。这种全方位的评估有助于实现真正的绿色建筑，即不仅在技术上高效，还在环境和社会责任方面表现出色。LEED 为建筑项目提供了清晰的指导和目标，帮助建筑行业朝着更加可持续和环保的方向发展。

---

① 丁建华，金虹.公共建筑场地绿色化改造方案评价研究 [J].建筑学报，2013（增刊 2）：135-139.

（二）多维度评价指标

LEED 的多维度评价指标体现在其适用于各种类型和规模的建筑项目。无论是新建建筑、现有建筑的翻新、室内装修，还是整个社区的开发，LEED 都提供了相应的评估标准和认证流程。这使得 LEED 能够满足不同建筑项目的特定需求和挑战。对于新建项目，LEED 强调从设计之初就融入可持续性原则。而对于现有建筑，LEED 注重改善其能效和环境影响。在室内装修方面，LEED 着重于提高室内环境质量和资源效率。社区开发则更加关注整体规划和可持续基础设施。这种多维度评价指标性使 LEED 不仅在理论上全面，还在实践中对各类建筑项目都具有指导意义。

（三）灵活性和适应性

LEED 的灵活性和适应性使得它能够有效地应用于住宅、商业、教育、医疗等不同功能的建筑以及不同规模和复杂度的项目。通过提供灵活的认证选项和评分系统，LEED 鼓励建筑师和开发者在设计和建造过程中采取创新和可持续的做法，而无须关注项目的具体条件。这样的灵活性和适应性使 LEED 成了一个全球广泛认可和应用的绿色建筑标准。

（四）鼓励创新

LEED 在推动绿色建筑发展方面特别强调鼓励创新。这一点体现在其对采用新颖设计和技术的认可和奖励上，旨在实现更高的环境效益。LEED 特别鼓励使用可持续材料、高效能源技术以及创新的水资源管理策略。这些创新不仅提升了建筑的能效和环境表现，还促进了绿色建筑领域的技术进步和创新思维。例如，通过采用先进的节能系统、绿色屋顶技术或雨水收集和再利用系统，建筑项目能够在减少对环境影响的同时，提升其整体的可持续性能。LEED 中的创新信贷部分为那些超越传统实践并寻求突破性环境解决方案的项目提供了认证上的优势。

（五）认证等级

LEED 采纳了一个多级别的认证制度，旨在奖励和鼓励达到各种绿色建筑标准的项目。该体系提供了四个不同的认证级别，分别是认证级、银级、金级和铂金级，以此来表彰那些在绿色建筑领域内做出显著努力和成就的项目。这些级别以项目在 LEED 评估过程中所获得的分数来确定，分数的高低直接反映了该项目在环境绩效和可持续性实践方面的水平高低。

认证级别是入门级的认证，意味着项目已经采取了基本的绿色建筑措施。银级认证表明项目在环境绩效方面做出了进一步的努力。金级认证则是对项目在可持续性建筑实践方面达到高标准的认可。最高级别的铂金级认证，代表了最优秀的环境绩效和最先进的可持续性建筑实践，是对那些在绿色建筑领域内达到卓越标准的项目的最高赞誉。

（六）国际认可

LEED 在全球范围内得到了广泛的认可和应用，已经成为许多国家和地区绿色建筑实践的重要基准。由于其全面的评估标准和强调对环境可持续性，LEED 不仅在美国，还在世界各地被建筑师、开发商、政府机构和业主广泛采纳。这种国际认可反映了 LEED 对于提升建筑环境绩效、能源效率和用户健康的有效性。

不同国家和地区的项目通过 LEED 认证，展现了其对环境保护和可持续发展的承诺。随着越来越多国家和地区认识到绿色建筑的重要性，LEED 作为一个国际标准，在全球范围内推动着绿色建筑实践的发展和创新，促进了建筑行业的环境可持续性。

二、英国的标准评价体系及其特点

建筑研究机构环境评估方法（Building Research Establishment Environmental Assessment Method, BREEAM）是英国推出的绿色建筑评价体系，也是国际上较早的绿色建筑评价标准之一。[①] 它的开发反映了英国由于地理和环境限制以及早期的工业化背景，对可持续建筑发展的早期关注。BREEAM 评价体系的特点如下。

---

① 李俊邑.绿色建筑评估研究 [D].天津：天津大学，2013.

（一）全面性

BREEAM 不仅涵盖了建筑的多个方面，如能源使用、资源利用、污染物排放、场地选择及室内环境等，还包括了水资源管理、运输、材料、废弃物管理和生态影响等关键维度，确保了对建筑可持续性的全方位评估。

BREEAM 的全面性体现在其评价的细致和广泛，其不仅考虑了建筑的环境影响，还着重于建筑如何为其使用者提供健康、舒适的生活和工作环境。此外，BREEAM 考虑到建筑项目对社会和经济的影响，如促进社区的可持续发展和提高建筑项目的经济效益。这样的全面评估方法使 BREEAM 成为评估和提高建筑可持续性的强有力工具，不仅提升了建筑的环境表现，还增强了其社会和经济价值。

（二）简捷的评估方法

BREEAM 以其相对的简捷性和直接性著称，这使得它易于被建筑行业的各方利益相关者理解和执行。这种简捷的评估方法主要体现在其清晰定义的评分系统和明确的标准上。BREEAM 有一套详细的指南和标准，能帮助设计师、开发商和建筑师在项目的各个阶段明确地遵循和实施绿色建筑的原则。

BREEAM 的评估流程被设计为高度结构化和用户友好，使得即使没有深入了解绿色建筑知识的人员也能够轻松跟进和应用。这种易于理解和执行的特点促进了 BREEAM 在建筑行业的广泛应用，无论是在大型商业项目还是小型住宅项目中。

（三）早期启动

英国早期的经济发展背景促进了其绿色建筑领域的发展，为 BREEAM 提供了显著的历史优势。英国在应对有限空间和资源的挑战中，很早就开始关注建筑的环境影响和资源效率，这推动了 BREEAM 的发展和实施。

作为世界上最早的绿色建筑评估方法之一，BREEAM 自 20 世纪 80 年代末期就开始为建筑项目提供可持续性评估标准。这个早期的开始不仅让 BREEAM 在绿色建筑领域积累了丰富的经验和知识，还使其成了全球范围内许多后续绿色建筑标准的基础和参考。

（四）灵活性与适应性

BREEAM 的设计理念具有显著的灵活性和适应性，这使得它能够适用于各种类型的建筑项目。无论是新建项目，还是现有建筑的改造和扩建，BREEAM 都能提供相应的评估和指导。这种适应性体现在其评估标准能够根据不同项目的具体情况进行调整，确保评估过程既全面又具有针对性。

对于新建项目，BREEAM 能够从设计阶段就开始介入，帮助项目在环境保护、能源效率和可持续发展等方面达到较高标准。对于改造和扩建项目，BREEAM 则关注如何在现有建筑的基础上实现环境性能的提升，这包括提高能源效率、减少废物、利用可持续材料等。

BREEAM 还能适应不同地区的特定环境和文化，通过对其标准和评估方法的地区化调整，确保其在全球范围内的适用性和有效性。这种灵活性和适应性是 BREEAM 成为全球公认的绿色建筑评价体系的关键因素之一。

（五）国际认可

BREEAM 涉及建筑的设计、施工、使用及管理多个阶段，旨在评估和提升建筑的环境表现。BREEAM 不仅推动了建筑行业的可持续发展，还促进了环境保护意识的提升。随着全球对环境保护和可持续发展的重视，BREEAM 的认可度和应用范围不断扩大，对国际建筑行业的发展产生了深远影响。

三、日本的标准评价体系及其特点

建筑环境效率综合评估系统（Comprehensive Assessment System for Built Environment Efficiency, CASBEE）是日本的绿色建筑评价体系，旨在提高建筑的环境效率。日本发展绿色建筑主要是为了支持其工业和经济的可持续发展。[①]CASBEE 的特点如下。

---

① 王传顺.绿色建筑设计方案优选决策模型研究 [D].重庆：重庆交通大学，2019.

（一）评估指标

日本的绿色建筑标准评价体系 CASBEE 采用了两个核心评估指标：质量（Q）和负载减轻（LR）。Q 指标主要评估建筑的环境质量和性能，涉及室内环境、舒适度和能源效率；LR 指标关注建筑对环境的影响，包括能源消耗、废物产生和碳排放。CASBEE 的特色在于其综合考量"质量 / 负载"比例，全面衡量建筑的可持续性。

CASBEE 覆盖建筑的全生命周期，包括设计、建造、使用、维护以及拆除和回收等各个阶段，确保了其在可持续性方面的全面性。这种全方位的评估方法使 CASBEE 在推动建筑行业的环保和能效提升方面具有重要作用。CASBEE 适用于新建筑和现有建筑的改造，促进了日本建筑行业在绿色建筑领域的发展，展现了其在该领域的领导地位。

（二）五级评分制

CASBEE 的五级评分制是其评估体系的一个重要特点。这种评分制将建筑分为五个等级：S 级（超级）、A 级（非常好）、B+ 级（良好）、B- 级（边缘）和 C 级（不足）。通过这种分级，CASBEE 为建筑提供了一个清晰且具有层次的绿色建筑评价标准。

S 级代表着最高环境性能和可持续性，是所有建筑所追求的最优目标。A 级也代表着非常高的标准。B+ 级和 B- 级指示建筑在环境性能上处于良好和边缘状态。C 级则意味着建筑在环境可持续性方面有明显的不足，需要改进。

（三）多维度评估

CASBEE 的特点之一是其多维度的评估方法。除核心的 Q 指标和 LR 指标外，CASBEE 还包括多个评估子项，确保了对建筑的全方位评估。这些子项包括能源效率、材料和资源使用、室内环境质量以及建筑场地的使用等。

能源效率的评估关注建筑在运行过程中的能源消耗以及采取的节能措施。材料和资源使用则评估建筑在建设和运营过程中对资源的利用效率和可持续性，如使用再生材料和减少废物的生成。室内环境质量的评估着重于建筑内的空气质量、照明、声学和温湿度等因素，这些因素直接影响着居住者和使用者的舒适度和健康。建筑场地的使用涉及建筑对其所在地理环境的适应性和影响，如建筑是否有效利用了场地，是否对周围生态环境产生不利影响等。

通过这种多维度的评估，CASBEE 能够提供一个全面且细致的建筑环境绩效评价，不仅评估建筑本身的性能，还考虑其对周围环境的影响。这种全方位的评估方法使 CASBEE 成为一个高度有效和实用的绿色建筑评估工具。

（四）适应本地条件

CASBEE 的设计充分考虑了日本的本地条件，包括地理和气候特征以及独特的文化和建筑传统，使得该评价体系特别适合日本的建筑实践。日本作为一个多山且受季风影响的岛国，其地理和气候条件极为多样。因此，CASBEE 在评估时考虑了不同地区的气候变化、自然灾害风险（如地震和台风）以及地形对建筑设计和建设的影响。

日本的建筑传统和文化在 CASBEE 中得到了体现。日本建筑以其对自然环境的敏感性和对传统工艺的重视而闻名，CASBEE 鼓励在现代建筑设计中融入这些传统元素。例如，利用自然光和通风以及使用本地和可持续的建筑材料。

CASBEE 注重建筑与周围社区和环境的和谐共生，鼓励设计师和建筑师考虑建筑项目对当地社区文化和经济的影响。这种对本地条件的深入考虑使 CASBEE 不仅仅是一个建筑评估工具，还是一个推动社会和环境可持续发展的综合平台。

（五）促进可持续发展

CASBEE 的核心目标是支持日本走可持续发展道路，特别是在工业和经济领域。通过评估和提高建筑的环境效率，CASBEE 促进了建筑行业向更环保和资源节约的设计与施工方法转变，减少了对自然资源的消耗和对环境的负面影响。这在工业领域推动了建筑材料和技术的创新，激发了绿色技术和材料的市场需求，从而促进了相关产业的发展。

在经济方面，CASBEE 通过提高建筑能效和降低运营成本带来经济效益，增加了绿色建筑的市场价值和吸引力。进一步地，CASBEE 还通过改善居住和工作环境质量，间接提升社会福祉。

（六）灵活性

CASBEE 的灵活性体现在其适用于各种类型的建筑项目，包括新建筑、现有建筑和改造项目。这种灵活的评价方法使其成为一个多功能的评估工具，能够满足不同建筑项目的特定需求。对于新建筑项目，CASBEE 可以从设计阶段开始介入，指导建筑达到高环境性能标准。对于现有建筑，CASBEE 提供了评估和提高建筑环境效率的途径，鼓励对建筑进行能效提升和环境改造。在改造项目中，CASBEE 能够评估建筑改造对环境效率的影响，提供指导建议以确保改造后的建筑更加可持续。通过这种灵活适应不同项目类型的能力，CASBEE 为日本乃至全球的建筑行业提供了一个有效的工具，用于评估和提高建筑项目的环境性能。这种灵活性不仅有助于各类建筑项目实现可持续发展的目标，还促进了整个建筑行业在环境效率和可持续性方面的提升。通过 CASBEE，建筑行业能够在不断变化的市场和环境要求下找到适合自己的最佳实践和解决方案。

四、澳大利亚的标准评价体系及其特点

澳大利亚的两个主要的绿色建筑评价体系是国家建筑评分系统（National Australian Built Environment Rating System, NABERS）和绿色环保之星（Green Star）。这两种评价体系各有特点，共同促进了澳大利亚在绿色建筑方面的发展。

（一）NABERS

1.目的与范围

NABERS 是一个性能基准的评级系统，主要用于衡量现有建筑的能源效率、水使用、废物管理和室内环境质量。

2.实际性能衡量

NABERS 在澳大利亚的商业物业市场中广泛应用，特别是在办公楼和零售空间中。

（二）绿色环保之星

1.评估范围

绿色环保之星是一个全面的评价体系，涵盖建筑设计、施工和运营的多个方面，包括管理、室内环境质量、能源、交通、水、材料、土地使用及生态和排放等。

2.认证等级

绿色环保之星提供从 1 星到 6 星的评级，6 星代表世界领先实践。

3.设计与创新

除了评估传统的绿色建筑元素，绿色环保之星还鼓励创新设计和技术的使用。

4.适用范围广泛

绿色环保之星适用于多种类型的建筑，包括新建筑、现有建筑、室内装修项目和社区项目。

这两个体系反映了澳大利亚对于绿色建筑的全面和多元化的方法。NABERS 侧重于现有建筑的运营性能，绿色环保之星则涵盖了建筑的整个生命周期，包括设计、施工和运营。

五、德国的标准评价体系及其特点

德国可持续建筑委员会（Deutsche Gütesiegel für Nachhaltiges Bauen, DGNB）评价体系是德国开发的一套绿色建筑评估标准。作为第二代绿色建筑评估体系[1]，DGNB 评价体系自 2007 年起由德国可持续建筑委员会组

---

① 张伟.国际绿色建筑评估体系及与我国评估体系的对比研究 [D].天津：天津大学，2012.

织的多个建筑行业专家共同开发，其特点和评价内容如下。

（一）特点

1. 全面性

DGNB 评价体系以其全面性著称，它不仅仅关注建筑的生态和经济因素，还采用一个更广泛的视角，深入探讨建筑项目对社会文化、功能性和技术层面的影响。DGNB 评价体系覆盖了建筑的整个生命周期，从设计、施工到使用和最终拆除，确保在每个阶段都达到可持续发展的标准。

在生态方面，DGNB 评价体系考虑到建筑的能源效率、资源使用和环境影响，强调对自然资源负责。在经济方面，DGNB 评价体系考虑到建筑的生命周期成本、运营效率和市场价值。在社会文化方面，DGNB 评价体系特别强调建筑对用户的健康和舒适性的影响以及建筑在文化和社区层面的整合和贡献。

2. 综合性能评估

DGNB 评价体系的综合性能评估特点在于其强调建筑的整体可持续性，并覆盖生态、经济、社会文化等多个维度。这种综合性能评估指不仅单一方面的性能被考虑，建筑项目的所有关键方面都会得到全面的评估和平衡。

在生态维度上，DGNB 评价体系评估建筑的环境影响，包括能源和水资源的使用效率、建筑材料的可持续性以及建筑对生态环境的影响。在经济维度上，DGNB 评价体系关注建筑的经济效益，如运营成本、维护费用以及建筑的长期投资回报。在社会文化维度上，DGNB 评价体系考虑建筑对用户的舒适性、健康和福祉的影响以及建筑在增强社区联系和文化价值方面的作用。DGNB 评价体系还关注建筑的功能性，包括空间的灵活性、设计的创新性以及建筑对未来需求的适应能力。

3. 广泛参与性

DGNB 评价体系的一个显著特点是其广泛参与性。这个评价体系是由德国建筑行业的多个专业人士共同开发的，包括建筑师、工程师、建筑材料专家、环境科学家以及可持续性顾问等。这种跨学科的合作确保了评估标准的全面性和实用性。

由于涉及不同领域的专家，DGNB评价体系能够综合考虑建筑的各个方面，从技术细节到宏观战略。这样的合作使评价体系不仅科学严谨，还紧贴实际应用。

这种广泛参与使DGNB评价体系能够随着行业标准和技术进步而不断更新和改进。这不仅增强了评价体系的有效性，还保证其能够适应不断变化的建筑行业需求和可持续发展的新挑战。

DGNB评价体系的广泛参与性不仅提高了其在行业中的接受度和认可度，也使其成为推动德国乃至全球建筑行业可持续发展的重要力量。

4.适应性强

DGNB评价体系的适应性强是其关键特点之一，体现在其适用于各类建筑项目，包括新建项目、现有建筑和改造项目。这种适应性使DGNB评价体系能够广泛应用于不同类型和规模的建筑，满足多样化的市场需求。

对于新建项目，DGNB评价体系提供了从设计阶段开始的综合性评估，帮助项目实现最佳的可持续性能。在现有建筑方面，DGNB评价体系能够指导建筑升级和性能提升，延长建筑的使用寿命并提高其环境效率。对于改造和翻新项目，DGNB评价体系提供了评估现有结构和新元素如何协同工作以达到可持续目标的工具。

DGNB评价体系的这种适应性不仅使其在德国广泛应用，还促进了其在国际上的普及。由于能够灵活适应不同项目需求的特性，DGNB评价体系成了一个有效的工具，帮助建筑行业提高其环境性能，同时实现经济目标和社会目标的平衡。

5.持续更新

DGNB评价体系能够持续更新，因此它能够紧跟可持续建筑领域的最新发展和技术进步。

DGNB评价体系的更新不仅涵盖了新的建筑材料和技术，还包括对建筑法规、环境标准和用户需求的变化的响应。这意味着DGNB评价体系能够不断提升其评估标准，符合当前的环境保护和可持续性目标。

在持续更新的过程中，DGNB 评价体系会考虑到实践者和利益相关方的反馈，确保评估体系既实用又高效。这种以市场和用户需求为导向的更新策略，加强了 DGNB 评价体系在实际应用中的适用性和有效性。

通过这种持续的更新和改进，DGNB 评价体系不仅能够有效应对当下挑战，还为未来可持续建筑的发展奠定了坚实的基础。

（二）评价内容

1. 生态质量

德国绿色建筑评价标准注重生态质量方面的评估，主要包括以下内容。

（1）能源效率。评估建筑的能源利用效率，包括采用节能技术、使用可再生能源和减少能源浪费等方面。

（2）资源效率。考察建筑的资源使用情况，包括建筑材料的选择、再利用和回收利用的程度以及减少浪费资源的措施。

（3）排放控制。评估建筑在使用过程中产生的污染物排放情况，包括空气污染物、水污染物和噪声等。

（4）污染控制。考虑建筑内部的空气质量、甲醛等有害物质的释放情况，并采取有效的控制措施，以确保室内环境的健康和安全。

综合以上因素可知，德国绿色建筑评价标准旨在通过提高建筑的生态质量，减少环境负担，促进建筑的可持续发展。这些评价内容有助于确保建筑在设计、建造和运营过程中充分考虑环境因素，降低对生态系统的不利影响。

2. 经济质量

德国绿色建筑评价标准包括对建筑的经济质量进行考量，主要内容如下。

（1）运营成本。评估建筑在日常运营中的成本，包括能源消耗、维护和维修费用、管理和运营费用等。绿色建筑通常会采用节能技术和可再生能源，以减少运营成本。

（2）生命周期成本。评估建筑的整个生命周期内的成本，包括建造、运营、维护和拆除等各个阶段的费用，从而确定绿色建筑在经济上的可持续性。

（3）价值稳定性。评估建筑的价值稳定性，即评估随着时间的推移，建筑是否能够保持其价值或增值。绿色建筑通常受到市场的青睐，因为它们在节能和环保方面具有竞争优势，有助于维持或提高房产价值。

3.社会文化及功能质量

德国绿色建筑评价标准考虑到社会文化及功能质量，主要内容如下。

（1）舒适性。评估建筑的室内环境舒适性，包括温度、湿度、通风、采光等因素。绿色建筑通常采用高效的暖通空调系统、自然采光和通风措施，以提供舒适的室内环境。

（2）健康。评估建筑对居住者和使用者的健康影响，包括室内空气质量、有害物质排放的控制、噪声和辐射的管理等。绿色建筑致力于提供健康且安全的生活环境。

（3）功能性。评估建筑的功能性，包括空间布局、灵活性、可访问性等方面。绿色建筑应能够满足不同用户的需求，并提供灵活的使用方式。

（4）社区影响。评估建筑对周边社区的影响，包括社会互动、可持续交通、公共空间等。绿色建筑旨在促进社区的互动和发展。

4.技术质量

德国绿色建筑评价标准涵盖技术质量方面的评估，主要包括以下内容。

（1）结构质量。评估建筑的结构设计和施工质量，确保建筑的稳定性和耐久性。这包括建筑的基础、墙体、屋顶等结构部分。

（2）技术设备。考察建筑的技术设备，包括暖通空调系统、电力供应、通信系统等。绿色建筑通常会采用高效的技术设备，以提高能源效率和舒适性。

（3）能源管理。评估建筑的能源管理系统，包括监测和控制能源消耗的设备和策略。这有助于实现能源节约和可持续能源利用。

（4）安全性。考虑建筑的安全性，包括火灾安全、建筑物的应急设备等。确保建筑在紧急情况下的安全性是至关重要的。

综合考虑技术质量，德国绿色建筑评价标准旨在确保建筑在技术层面具有高质量，以提供安全、高效和可持续的使用体验。这有助于降低建筑的维护和修复成本，并确保建筑的长期可靠性。

5.程序质量

德国绿色建筑评价标准考虑到程序质量，包括项目管理和执行过程的质量，主要包括以下内容。

（1）项目管理。评估建筑项目的管理和规划过程，包括项目计划、资源分配、时间表制定和风险管理等。有效的项目管理有助于确保建筑项目按计划和预算进行。

（2）执行过程。考察建筑项目的执行过程，包括建筑施工、监督和质量控制。确保建筑的高质量施工是绿色建筑评价中的关键因素之一。

（3）合规性。评估建筑项目是否符合法规和标准，包括建筑规范、环保法规、安全法规等。合规性对于保障建筑的合法性和可持续性非常重要。

（4）沟通与协作。考虑项目团队之间的沟通和协作，包括建筑师、设计师、施工团队和业主之间的协作。有效的沟通和协作可以提高项目的成功率。

6.场址选择

德国绿色建筑评价标准涵盖场址选择方面的考虑，主要包括以下内容。

（1）交通连通性。评估建筑所在地的交通连通性，包括公共交通系统的便捷性、道路网络和交通拥堵情况。选择便于居民和使用者使用公共交通工具的地点有助于减少个人汽车使用，降低尾气排放。

（2）地区发展。考察建筑所在地区的发展情况，包括周边基础设施、社会服务、商业区域等。选择发展良好的地区可以提供更多便利和资源。

（3）环境影响。评估建筑所在地的环境影响，包括土地利用历史、土壤质量、生态系统健康等。避免在敏感生态系统或有环境问题的地区建设有助于保护自然环境。

（4）可达性。考虑建筑所在地对于使用者的可达性，提供多种可达性选项有助于满足不同用户的需求。

六、加拿大的标准评价体系及其特点

加拿大的绿色建筑评价工具（Green Building Tool, GB Tool）是在1998年确立的一个专为新建和改建翻新建筑设计的评价体系。该体系通过对多达35个项目的研究和交流来确定标准，目的是提升建筑的整体可持续性和环境友好性。GB Tool评价体系的主要特点和评价内容如下。

（一）主要特点

1.多项目研究基础

GB Tool是基于广泛的项目研究和行业交流确定的，确保了评价标准的全面性和适应性。这个评价体系的独特之处在于它是基于广泛的多项目研究以及与行业内专家和实践者的深入交流来确定的。这种方法使评价标准不仅全面覆盖了绿色建筑的各个方面，还具有较强的适应性，能够适应不同类型和规模的建筑项目。

2.专注于新建和翻新项目

GB Tool主要用于评估新建筑和改建翻新建筑，以满足这些特定类型建筑项目的需求。对于新建筑项目，GB Tool提供了一套全面的评价准则，涉及从项目设计开始到施工完成的各个阶段，确保新建筑在能源效率、环境影响、材料选择等方面达到最佳的可持续性标准。对于改建或翻新的建筑项目，GB Tool也提供了特定的评估标准。这些标准考虑到翻新项目的特殊性，如对现有结构的约束、历史建筑的保护要求以及翻新工程的能源效率和环境影响优化。

3.实用性和操作性

评价标准设计考虑了实际应用的方便性和操作性，便于建筑师和开发者实施。这种设计方式使得建筑师和开发者能够方便地将这些标准融入他们的项目中。通过这种方式，GB Tool确保了其标准不仅在纸面上有效，还在实际建筑实践中具有可操作性，从而促进了绿色建筑在加拿大的普及和实施。

（二）评价内容

1. 环境的可持续发展指标

环境的可持续发展指标包括能源效率、水资源管理、废物管理等，主要评估建筑对环境的总体影响，如能源消耗的最小化、水资源的高效使用等。这些指标可以评估建筑项目在降低碳足迹、减少自然资源消耗和促进环境健康方面的成效。环境的可持续发展指标是 GB Tool 中重要的组成部分之一，确保了建筑项目在环境保护方面的责任和贡献。

2. 室内空气质量

在 GB Tool 评价体系中，室内空气质量是一个关键的评价内容。这部分的评估重点放在了建筑内部的空气质量上，特别关注通风系统的设计和效能、污染物的控制以及室内使用材料的环保性和健康性。这些因素对于确保建筑内部环境的健康和舒适至关重要。良好的室内空气质量有助于减少居住者或使用者的健康风险，提高生活和工作环境的质量。GB Tool 在这方面的评估确保建筑设计和运营能够有效管理和提高室内环境的质量，为居住和工作提供一个更健康、更舒适的空间。

3. 可维护性

在 GB Tool 评价体系中，可维护性是评价建筑长期价值和可持续性的关键因素。这一部分的评估重点是建筑的长期维护和运营成本以及建筑在其生命周期中对环境的持续影响。通过对建筑的可维护性进行评估，GB Tool 确保建筑设计和材料选择不仅满足当前的环境和能效标准，还能在长期内有效地维持这些标准。这种评估方法有助于提高建筑的耐用性，减少未来的修缮和更新需求，同时使建筑在整个使用周期内对环境的影响最小。因此，可维护性评估在推动可持续建筑实践中发挥着重要作用。

4. 环境负荷

GB Tool 评价体系中的环境负荷评估关注建筑在其整个生命周期中对环境的影响，尤其关注建筑的碳足迹和生态影响。这一评估项目涵盖了从建筑材料的生产、运输，到建筑施工、使用乃至最终拆除的全过程。通过考量建筑活动对环境的直接和间接影响,如温室气体排放、自然资源消耗、生物多样性的影响等,GB Tool旨在鼓励建筑行业实施更环保的建筑策略和技术。该评估确保建筑项目在设计和运营过程中尽可能减少对环境的负面影响,促进对地球生态系统的保护和可持续利用。因此,环境负荷评估在实现绿色建筑目标和减少建筑行业对环境的影响方面扮演着关键角色。

5. 运行管理

GB Tool评价体系中的运行管理评估注重建筑运营阶段的效率和可持续性,特别关注能源管理和设施运维方面。它涵盖了建筑能源使用的优化、能源消耗监测以及采用可再生能源和高效能源系统的策略。同时,运行管理评估包括建筑设施的维护和运维,确保这些活动符合可持续性原则。这包括对建筑系统如供暖、通风、空调系统的定期检查和维护,以保持其高效运行。通过对运行管理的全面评估,GB Tool帮助建筑业主和运营者实现长期的运营成本节约,同时减少建筑对环境的影响,确保其在整个使用周期中保持高效和可持续。

6. 经济性

GB Tool评价体系中的经济性评估重点考虑建筑的成本效益,包括初期投资、运营成本以及通过实施绿色建筑措施所带来的潜在节约。这项评估旨在确保绿色建筑项目在财务上的可行性和长期经济效益。通过考虑建筑设计、施工和运营的整体成本,以及通过提高能效、减少水资源使用和减少维护需求等方式实现的节约,GB Tool帮助项目利益相关者理解和量化了投资绿色建筑的经济回报。

经济性评估不仅关注初始建设成本,还包括长期运营成本,如能源消耗、水资源管理和维护费用。这样的评估有助于建筑所有者和开发者在项目规划和设计阶段进行全面的成本效益分析,确保项目在经济上的可持续性和长期盈利能力。通过这种方式,GB Tool鼓励在建筑行业中采用更节能、高效和环保的实践,同时确保这些实践在经济上是合理的。

7.资源消耗

GB Tool 评价体系中的资源消耗评估注重衡量建筑在建造和运营过程中资源使用的效率，特别是对材料和能源的使用。这项评估的目的是确保建筑项目在整个生命周期中最大限度地减少对自然资源的消耗。对于材料消耗，该评估涵盖了材料的选择、采购、使用效率以及再利用和回收的可能性，旨在鼓励建筑行业使用具有可持续性的材料，并提高材料的循环利用率。

在能源方面，资源消耗评估关注建筑的能效，包括采用高效能源系统、提高建筑外壳的隔热性能以及使用可再生能源等策略。这种评估有助于降低建筑的能源需求和操作成本，同时减少对环境的影响。通过对资源消耗的综合评估，GB Tool 确保了建筑项目在资源利用方面的高效性和可持续性，能够促进建筑行业的环境友好发展。

第二节　中国绿色建筑评价体系与认证

一、建立绿色建筑评价体系的意义

绿色建筑及其评价体系在全球范围内日益受到重视，这不仅体现了对环境保护的关注，也反映了对建筑行业可持续发展的追求。绿色建筑的核心在于创造一个健康、舒适、安全的居住和工作空间，同时在建筑的全生命周期中高效利用资源并使对环境的影响最小化。为此，建立一个科学且完善的绿色建筑评价体系至关重要，其意义可以概括为以下几点。

（一）为绿色设计建立标准和目标

中国绿色建筑评价体系涵盖了从项目启动到建筑设计、施工以及后续的运营与维护各个阶段，特别强调场地选择、资源节约、能源效率、环境保护和室内环境质量等关键领域。与传统的建筑规范相比，绿色建筑评价体系从根本上扩展了绿色建筑的概念，不仅关注建筑物本身的效率和功能，还重视其对环境的影响以及对居住或使用者健康和舒适度的提升。绿色建筑评价体系的实施，鼓励建筑师和开发商从设计之初就考虑绿色建筑的原则和要求，确保建筑项目能够在节能减排、资源利用和环境保护等方面达到更高的标准。

（二）为消费者和管理者提供考核办法

绿色建筑评估体系不仅为建筑行业内的专业人士提供了明确的评价标准，还为消费者和管理者提供了一种量化的考核办法。这一体系通过细致的量化评分机制和严格的数据测试，有效地衡量了建筑的环境性能，包括能源和水的使用效率、室内环境质量、材料的环境影响等多个维度。

这种评估方式的实施，为建筑市场的规范化提供了强有力的支持，使绿色建筑项目能够达到既定的环境友好标准。更重要的是，它为公众和消费者提供了一个可信赖的参考，帮助他们在选择住宅或办公空间时，能够明确地识别和优选那些真正符合绿色建筑标准的项目。

（三）为开发商提供经济依据，增强对绿色建筑的信心

在推广绿色建筑的过程中，只依靠道德力量是不够的。绿色建筑可能需要较大的初始投资，但其基本目标是实现经济利益。绿色建筑评价体系从全寿命周期的角度出发，展示了绿色技术带来的实际效益，如运行成本的降低、节能效益、对人体健康和社会可持续发展的积极影响以及提高员工工作效率等优势，从而增强了开发商对绿色建筑的信心和吸引力。

在评价指标方面，环境和健康是所有体系共同关注的内容。在环境指标方面，主要考虑自然资源的消耗和对自然环境的破坏，具体涉及能源、水、材料、土地等各个方面；在健康指标方面，主要考虑室内环境质量，如热舒适度、空气质量与通风等因素。[①]运营管理、耐久性、成本与经济和创新机制等内容在每个体系中也有不同的侧重。

---

① 王艳丽，孟冲，杨春华，等.既有建筑绿色评估体系对比分析[J].住宅产业，2012（11）：54-56.

二、绿色建筑评价体系的特征

绿色建筑评价指标的特征如下：一是能够根据不同的气候、文化和经济条件，从环境、社会和经济性等方面对建筑进行全面评价；二是各级指标的确定应结合当地具体情况；三是应采用逐步评价方法，以保证评价系统的可行性，同时提供不同的信息；四是应贯穿建筑物的整个生命周期，包括设计、施工、运营管理和最终拆除阶段。

绿色建筑评价体系的建立和完善对于推动建筑业的可持续发展具有重要意义。这不仅有助于提高建筑质量和环境性能，还能够促进资源的高效利用，减少对环境的负面影响。评价体系的建立也为建筑业的各个参与者（包括设计师、开发商、消费者和管理者）提供了明确的指导和评价标准，有助于提升整个行业的透明度和公信力。

需要注意的是，绿色建筑评价体系不应仅限于建筑物本身的设计和施工，还应考虑到建筑的运营和维护阶段，甚至是建筑物的最终拆除阶段。这种全生命周期的考虑方式能够更全面地评估一个建筑的环境影响，确保其在整个存在期间的环境友好性。

随着全球对环境保护和可持续发展的关注日益增加，绿色建筑及其评价体系的重要性也日益凸显。不断完善这些评价体系，可以有效地推动建筑行业向更加绿色、高效和可持续的方向发展。

三、中国绿色建筑评价体系的内容

（一）认证等级

中国绿色建筑等级标准分为四个级别，分别是基础级、一星级、二星级和三星级。这些标准是根据建筑在节能、环境保护、室内环境质量等方面的综合表现来评定的。下面是这四个级别的一些详细说明。

1.基础级

基础级即满足标准的"控制项"要求。增加基础级也兼顾了地区发展不平衡和城乡发展不平衡的问题。

2.一星级（三级）

一星级要求建筑在节能、用水、材料和资源利用效率方面达到一定的标准。这个级别的建筑通常比传统建筑节能 20% 左右。

3.二星级（二级）

二星级较一星级有更高的要求。在一星级的基础上，二星级建筑需要在节能和环保方面做出更多努力，不仅要求比传统建筑节能 50% 左右，还要求有更好的室内环境质量和可持续性设计。

4.三星级（一级）

三星级是最高级别的绿色建筑认证。三星级建筑不仅要在节能和环保方面表现突出，还要有创新的可持续设计元素。这些建筑通常比传统建筑节能 65% 以上，同时还有优秀的室内环境质量和综合环境表现。

（二）节能与能源利用

在节能与能源利用方面，中国绿色建筑评价标准要求建筑采用高效节能的建筑材料和系统，这是实现绿色建筑的重要基础。下面是对这一要求的详细解读。

1.高效节能的建筑材料

在建筑材料的选择上，绿色建筑强调采用高效节能的建筑材料，这些材料通常具有优良的保温、隔热、降噪等功能，能够显著降低建筑在使用过程中的能源消耗。例如，新型的保温材料、隔热玻璃等，都能有效提高建筑的保温性能，降低能源的消耗。

可再生能源也逐渐被应用于建筑领域，如太阳能板、风力发电等，为建筑提供了清洁能源，减少了对传统能源的依赖。高效节能的建筑材料不仅有益于环境保护，还可以降低建筑运营成本，为业主提供长期的经济收益。

2.高效节能的系统

高效节能的系统不仅使用高效节能的建筑材料，还有一系列创新技术，如地源热泵、太阳能热水系统和风能发电等。这些技术的关键在于它们能够利用可再生能源，有效减少对化石能源的依赖，同时大幅降低碳排放。通过这些高效节能系统的应用，绿色建筑不仅能够给人提供一个更加舒适健康的环境，还能够促进可持续发展，迎接气候变化带来的挑战。

3.充分利用可再生能源

绿色建筑在节能与能源利用方面的核心理念是充分利用可再生能源，如太阳能和风能。通过巧妙的设计与先进的技术，绿色建筑能够将这些自然资源有效转化为建筑所需的热能或电能。这不仅减少了对传统能源的依赖，还有助于降低能源成本和环境影响。例如，太阳能板可以安装在建筑的屋顶或外墙，捕获太阳光并转化为电能；风力发电系统则可以利用风能生成电力。这些可再生能源的利用，不仅提高了建筑的能源效率，还有助于减少温室气体排放，推动建筑行业向更加可持续、环保的方向发展。

4.优化建筑布局

在绿色建筑设计中，优化建筑布局是实现节能和高效能源利用的关键策略之一，可以充分利用自然资源，如自然光和自然风，来减少对人工照明和通风系统的依赖。例如，通过朝向的选择和窗户的布局，绿色建筑可以有效地捕捉日光，从而减少白天的照明需求。[①]同样，考虑到当地气候和环境因素，可以将绿色建筑设计成促进自然通风的方式，减少空调和其他人工冷却系统的使用频率。合理的建筑布局还能改善居住和工作空间的舒适度，提高空间的使用效率。这种对建筑布局的深思熟虑体现了对能源节约的重视，使绿色建筑在环保和可持续发展方面迈出了重要一步。

5.提高建筑对自然能源的利用效率

为了提高建筑对自然能源的利用效率，除充分利用可再生能源之外，

---

① 袁月.传统民居建筑设计在现代绿色建筑设计中的应用与借鉴[J].居舍，2023（33）：
　　8-11，17.

还应该采用一系列高效的技术和设计策略。这包括使用高效能的光伏电池来将太阳能转换为电能以及优化太阳能热水系统以提高对太阳热能的利用率。

建筑设计中还可以采用被动式设计元素，如采用合理的窗户定位和大小、使用具有高热效率的材料等，以有效利用自然光和热能。例如，朝南的大窗户可以在冬季捕捉更多的阳光和热量，夏季则可以通过遮阳设施避免过热。良好的建筑绝缘和密封性能非常关键，这有助于减少热能损失，保持室内温度稳定。

（三）节水与水资源利用

在节水与水资源利用方面，中国绿色建筑评价标准强调两个主要方向：一是节水器具和设备的采用，二是水资源的可持续利用。下面具体分析。

1.节水器具和设备的采用

绿色建筑在节水方面的重要手段之一是采用节水器具和设备。这些设备包括节水马桶、节水淋浴头、节水洗衣机等，它们能够显著降低建筑的水消耗量。这些设备通常具有自动感应或智能控制功能，能够在不使用时自动关闭或减少流量，进一步实现节水的目标。

2.水资源的可持续利用

在节水与水资源利用方面，绿色建筑还注重水资源的可持续利用。这包括对雨水的收集和利用，如将雨水用于冲厕、浇灌植物等，减少对市政供水的依赖。通过合理的设计和技术手段，雨水等非传统水源能够得到充分利用，提高水资源的利用效率。

除采用节水器具和设备以及利用非传统水源外，绿色建筑还强调建立科学合理的水管理体系。这包括安装水表、监测水的使用情况、定期维护和检修水管等措施，以确保水的有效利用和管理。

（四）室内环境质量

室内环境质量是评价绿色建筑的重要指标之一。在室内环境质量方面，中国绿色建筑评价标准要求建筑保证室内空气质量优良，声、光、热环境适宜，无辐射和有害物质污染，等等。

1.保证室内空气质量优良

绿色建筑要求建筑采用具有低挥发性的装修材料和家具等，以减少室内空气中的有害物质。[1]同时，应保持良好的通风，设置新风系统或打开窗户等，确保室内空气流通，提供清新的空气环境。

2.适宜的声、光、热环境

绿色建筑还要求建筑应具备适宜的声、光、热环境。在声音方面，应采用隔音、吸音材料和设备，降低室内噪声；在采光方面，应充分利用自然光，采用节能灯具和智能照明系统，提供充足的照明环境；在热环境方面，应采取保温、隔热措施，采用高效的空调系统或被动式通风设计，确保室内温度适宜。

3.无辐射和有害物质污染

绿色建筑在设计和建造时，比较注重避免辐射和有害物质的污染。这要求建筑材料和装修材料必须符合国家相关环保标准，严格控制有害物质的含量。为了防止电磁辐射等有害物质的产生，绿色建筑采取了一系列措施。例如，在设计电气布线和设备放置时，充分考虑减少电磁辐射对居住者的影响，同时使用天然、环保的建筑材料，如天然石材、无毒油漆和黏合剂等，减少室内空气污染。

（五）建筑材料

在建筑材料方面，中国绿色建筑评价标准提倡使用可再生、可循环利用的绿色建材，这是为了减少对环境的污染并促进可持续发展。

1.可再生和可循环利用的建材

绿色建筑强调使用可再生和可循环利用的建材，如木材、竹子、石膏板等。这些材料在生产和使用过程中对环境的污染较小，并且可以通过回

---

[1] 李群.低碳理念视域下科研楼改造工程的设计[J].中国建筑金属结构，2023，22（11）：118-120.

收和再利用，减少对自然资源的消耗。同时，这些材料具有较好的环境协调性，有助于降低建筑对生态环境的负面影响。

2.减少对环境的污染

绿色建筑注重减少对环境的污染，特别是在建筑材料的选择和使用上。这主要体现在两个方面。首先，减少建材生产过程中的废弃物排放和有害物质含量。这不仅涉及生产过程的环保技术和材料回收利用，还包括选择可持续来源的材料。其次，绿色建筑强调采用具有低挥发性的有机化合物，以降低室内空气污染。

3.关注建筑材料的耐久性和维护性能

绿色建筑除了注重环保性，还非常重视建筑材料的耐久性和维护性能。材料的耐久性对于延长建筑的使用寿命至关重要，这不仅减少了维修和更换的频率，还大大降低了对资源和能源的长期消耗。良好的维护性能意味着建筑在使用过程中能够更加高效地使用能源，并减少维护费用。这不仅有助于节约能源，还能实现经济效益的提升。因此，选择耐久性强且维护简便的材料，是绿色建筑实现可持续性目标的重要策略之一。

4.推动建材行业的可持续发展

使用可再生、可循环利用的绿色建材还有助于推动建材行业的可持续发展。同时，推广绿色建筑材料，可以促进相关产业的绿色转型，提高资源和能源的利用效率，实现经济效益和环境效益的双赢。

（六）建筑智能化

在建筑智能化方面，中国绿色建筑评价标准要求建筑采用智能化的设备和系统，以实现能源、环境等方面的智能化管理，提高建筑的运行效率和管理水平，具体如下。

1.智能化的设备和系统

绿色建筑强调采用智能化的设备和系统，如智能照明、智能空调、智能安防等。这些设备可以通过自动化控制、数据监测和反馈调节等手段，实现能源的高效利用和环境的优化管理。例如，智能照明系统可以根据室内光线和人员活动情况自动调节灯光亮度，实现节能效果。[①]

2.智能化管理

通过智能化技术的应用，绿色建筑可以实现能源和环境的智能化管理。这包括对建筑内的温度、湿度、光照、能耗等数据进行实时监测和记录，或者对设备运行状态进行远程控制和管理。智能化管理可以提高建筑的运行效率和管理水平，降低能耗和维护成本。

3.提高运行效率和管理水平

智能化技术的应用还可以提高建筑的运行效率和管理水平。[②]通过自动化控制和数据监测，工作人员可以及时发现设备故障和能源浪费问题，并进行快速处理和优化。同时，智能化系统还可以提供丰富的数据分析和报告功能，为建筑管理者提供决策支持。

4.促进智能化技术的发展

推广智能化技术有助于促进相关技术的发展和创新。通过实际应用和市场反馈，智能化设备和系统将不断被改进和完善，从而提高可靠性。同时，智能化技术的应用还可以带动相关产业链的发展，创造更多的就业机会和经济效益。

（七）生态与环境

在生态与环境方面，中国绿色建筑评价标准强调建筑应与周围环境相协调，保护生态环境，并合理利用土地资源，减少对自然资源的破坏和污染。下面进行具体分析。

1.与周围环境相协调

绿色建筑的核心之一是与周围环境相互协调与融合，以保护和提升整体生态环境。在设计上，要尊重并融入当地的自然和文化环境，同时保护生物多样性。例如，建筑的外观和布局应与周围的景观和生态系统相协调，

---

① 刘彬.智能建筑技术在工程建设中的应用研究[J].中华建设，2023（9）：169-171.
② 同①

减少对自然生态的干扰和破坏。

2.保护生态环境

保护生态环境涉及多方面的措施：首先是减少建筑在建设和运营过程中对土地、水和能源等资源的消耗，这不仅包括采用节能材料和技术，还包括采用合理的景观设计，以减少对自然生态的干扰；其次是降低建筑对周围环境的负面影响，可以通过有效的废水和废物管理系统，减少建筑产生的污染。

3.合理利用土地资源

绿色建筑高度重视土地资源，旨在推动可持续发展。首先，通过优化建筑设计，绿色建筑力求提高土地的利用效率，避免浪费。这包括合理规划建筑的尺寸、形状和布局，确保在占用最少土地的同时，最大限度地满足功能需求。其次，绿色建筑注重保护周围的自然景观和生态系统。这意味着在建筑规划和设计时，要考虑到对周边环境的影响，避免对重要的自然资源和生物栖息地造成破坏。

4.促进人与自然的和谐共生

绿色建筑的推广和应用有助于促进人与自然的和谐共生。例如，通过采取环保设计和绿色建筑材料，降低建筑对环境的负面影响，提高建筑的生态效益。同时，绿色建筑强调与周围环境的互动和融合，提供与自然亲近的机会，让人们更好地享受自然的美好和和谐。

（八）经济与社会影响

在经济与社会影响方面，中国绿色建筑评价标准要求绿色建筑具备良好的经济效益和社会效益，旨在通过绿色建筑的推广和应用，促进相关产业的发展，提供更多的就业机会，并关注社会公平和包容性。

1.良好的经济效益

绿色建筑在设计和建造过程中应注重经济效益，确保项目的可行性和可持续性，这包括合理利用资源、降低建筑成本、提高能源利用效率等。通过采用高效的建筑材料和系统以及优化建筑设计和运营管理，绿色建筑可以实现良好的经济效益，为投资者和开发商带来长期回报。

2.带动相关产业的发展

绿色建筑的推广和应用不仅对环境有益，还能显著带动相关产业的发展。随着绿色建筑市场的不断扩大，人们对绿色建材、节能设备和可再生能源等的需求也随之增长。同样，节能设备如高效保温材料、智能节能系统等，也会随着绿色建筑的普及而获得更大的市场需求。可再生能源技术的应用，如太阳能和风能，也将因绿色建筑而得到推动。

3.提供更多的就业机会

绿色建筑产业的发展不仅对环境有益，还能够提供更多的就业机会。在绿色建筑的全生命周期中，从设计、建造到运营管理，都需要大量的专业人才和工人。例如，绿色建筑设计阶段需要具备可持续设计理念的建筑师和工程师；建造阶段需要熟悉环保材料和节能技术的施工人员；运营管理阶段需要能够高效管理建筑能源和环境系统的运维人员。

随着绿色建筑的推广，相关的产业链，如绿色建材生产、节能设备制造、可再生能源技术等领域也会得到快速发展，这些领域同样需要大量的专业人才。这不仅包括生产线上的工人，还包括研发、销售、服务等多个环节的专业人才。因此，可能会有更多就业机会。

4.社会公平和包容性

绿色建筑还应关注社会公平和包容性，确保绿色发展带来的福利能够惠及更多的人群。这包括在设计过程中充分考虑不同人群的需求、提高建筑的可达性和可适应性、推动绿色建筑的普及和推广等方面。通过关注社会公平和包容性，绿色建筑可以为更多人提供优质的生活和工作条件，促进社会的和谐发展。

（九）评价方法与程序

在评价方法与程序方面，中国绿色建筑评价标准有一个科学、合理的评价体系，以确保评价的公正性和准确性，具体如下。

1.评价方法

（1）查阅文件与资料。评价人员需要查阅绿色建筑的相关文件和资料，包括设计图纸、施工记录、检测报告、运行数据等，以获取全面的信息。

（2）现场调查与检测。评价人员需要进行现场调查和检测，实地考察绿色建筑的实际情况，对建筑的环境、能源利用、室内环境等进行检测和测量，以确保数据的真实性和准确性。

（3）定量与定性分析。评价人员需要对收集到的数据和信息进行定量和定性分析，通过数据分析、对比、综合评估等方式，对绿色建筑进行评价。

2.评价程序

（1）前期准备。评价人员需要提前了解绿色建筑的相关背景和信息，确定评价的范围和标准，制订详细的评价计划。

（2）实施评价。评价人员需要按照评价计划进行现场调查和检测，收集相关数据和信息，并进行定量和定性分析。在实施评价过程中，评价人员需要保持公正、客观的态度，确保评价结果的准确性和可信度。

（3）编制评价报告。评价人员需要根据评价结果编写评价报告，对绿色建筑的环境、能源利用、室内环境等方面进行评价和总结，并提出改进建议和意见。评价报告需要按照标准的要求进行编制，要确保内容的完整性和规范性。

第五章　绿色建筑施工技术概述

第一节　绿色建筑施工技术的定义及类型

一、绿色建筑施工技术的定义

绿色建筑施工技术是指在工程建设过程中，在确保质量和安全的基本要求下，通过科学管理和技术创新，最大限度地节约资源并减少对环境的负面影响。① 绿色建筑施工技术是对传统施工技术的改进和升级，符合可持续发展的施工技术原则。绿色建筑施工技术不仅有助于促进环境友好型建筑，还对提升整个建筑行业的水平具有重要意义。②

二、绿色建筑施工技术的类型

（一）基坑施工降水技术

基坑施工降水技术是一种在建筑施工中用于防止地下水进入基坑的重要方法。这项技术主要涉及使用帷幕等截水措施，以阻止基坑侧壁及底面的地下水流入。基坑施工降水技术的应用根据地理和地质条件有所不同：在南方沿海地区，通常使用地下连续墙或护坡桩配合搅拌桩；在北方内陆地区，通常使用护坡桩和旋喷桩；在河流阶地地区，双排或三排搅拌桩封闭及支护是一种有效的方法。③

该技术的主要技术指标如下。

（1）封闭深度。采用结合竖向截水和水平封底的方法，以有效阻止水流。

（2）截水帷幕厚度。确保帷幕具有良好的阻水性能，通常要求渗透系

---

① 邱长乐.强化绿色建筑施工之我见[J].科学中国人，2016（17）：180-181.

② 李峻.建筑工程绿色施工实践[J].江西建材，2019（11）：169-170.

③ 窦围围，周宇.基于可持续发展的绿色施工研究[J].现代冶金，2016，44（1）：56-61.

数小于 1.0×10^{-5} cm/s。

（3）基坑内井深度。降水井的深度应根据地下水层的特性设定，以确保有效的水流控制。

（4）结构安全性。施工时必须考虑与基坑支护措施的结合，确保整体的安全性。

（二）基坑降水回收技术与雨水回收技术

1.基坑降水回收技术

这一技术旨在最大化地节约和再利用水资源，主要方式有两种：一是利用自渗效果，将上层滞留的水重新回灌至地下；二是将基坑降水过程中抽取的水体储存起来，供生活用水和施工用水使用。为确保技术的有效性，需计算基坑涌水量、降水井的出水能力等多项技术指标。这种做法特别适用于地下水位较浅的地区，在确保施工质量和安全的同时，能促进水资源节约和环境保护。

2.雨水回收技术

雨水回收技术涉及收集并处理雨水，用于施工现场降尘、绿化和洗车等。[1] 这种技术旨在确保至少 20% 的用水来自回收的雨水和生产废水，有效减少对新鲜水资源的依赖，有助于推动环保和资源节约。

（三）预拌砂浆技术

预拌砂浆是由专业生产厂家制造的建筑工程用砂浆拌合物，分为湿拌砂浆和干拌砂浆两种类型。

湿拌砂浆的主要成分包括水泥、细骨料、矿物掺合料、外加剂和水。这种砂浆在搅拌站依照特定比例拌制后，运送至施工现场并在规定时间内使用。

干拌砂浆由水泥、干燥骨料或粉料、添加剂等组成。在生产厂按照计

---

① 黄亮，赖承光.谈建筑工程绿色节能技术的现状及应用 [J].山西建筑，2013，39（20）：188-190.

量混合后生产，使用时在施工现场根据需要加水或配套组分拌和。①

预拌砂浆的生产和使用须遵循《预拌砂浆》（GB/T 25181—2019）等国家相关标准，涉及砂浆的性能、质量、混合比例等方面的规定。由于其便利性和性能稳定性，预拌砂浆在现代建筑施工中极受青睐，广泛用于工业和民用建筑。

（四）外墙体自保温体系施工技术

外墙体自保温体系是一种高效的建筑保温方法，通过使用特定材料来实现墙体的保温效果，从而提高建筑的能源效率。

1.使用材料

这一体系主要利用蒸压加气混凝土、陶粒增强加气砌块、硅藻土保温砌块等材料。这些材料因良好的保温性能和结构稳定性而被广泛使用。

2.技术特点

外墙体自保温体系强调结合节点保温构造，以达到至少节能50%的设计标准。这意味着该体系能有效减少建筑的能源消耗，尤其在供暖和制冷方面。

3.性能要求

根据《蒸压加气混凝土砌块》（GB/T 11968—2020）和《蒸压加气混凝土建筑应用技术规程》（JGJ/T 17—2020）标准，外墙体自保温体系需要满足特定的性能要求。②

① 建筑业 10 项新技术（2010 版）[EB/OL].（2023-05-24）[2024-10-30].https://enku.baidu.com/view/67db3c6eeb7101f69e3143323968011ca200f759.html?_wkts_=17312940 45712&bdQuery=%E2%80%82%E5%BB%BA%E7%AD%91%E4%B8%9A+10%E9%A1%B9%E6%96%B0% E6%8A%80%E6%9C%AF+2010%E7%89%88&needWelcomeRecommand=1.
② 建筑业 10 项新技术（2010 版）[EB/OL].（2023-05-24）[2024-10-30].https://enku.baidu.com/view/67db3c6eeb7101f69e3143323968011ca200f759.html?_wkts_=17312940 45712&bdQuery=%E2%80%82%E5%BB%BA%E7%AD%91%E4%B8%9A+10%E9%A1%B9%E6%96%B0% E6%8A%80%E6%9C%AF+2010%E7%89%88&needWelcomeRecommand=1.

4.适用范围

主要应用于夏热冬冷地区和夏热冬暖地区。适用于高层建筑的填充墙和低层建筑的承重墙，包括外墙、内隔墙和分户墙等。

（五）粘贴保温板外保温系统施工技术

1.聚苯乙烯泡沫塑料板外保温系统和硬泡聚氨酯喷涂保温施工技术

（1）聚苯乙烯泡沫塑料板外保温系统。这一系统是专为新建筑和既有房屋的节能改造而设计的建筑外墙保温技术。其关键步骤如下。

①材料选择：使用聚苯乙烯泡沫塑料板，具备良好的保温性能和燃烧性能标准。

②粘贴技术：采用专门的胶黏剂将保温板黏结到墙体外表面。

③涂抹抹面胶浆：在保温板上均匀涂抹抹面胶浆，为增强网铺设提供基础。

④增强网铺设：在胶浆上铺设耐碱玻璃纤维网格布或镀锌钢丝网，增强抗裂和抗冲击性能。

⑤饰面层施工：饰面层施工是最后一步，如涂料、饰面砂浆或饰面砖等。

（2）硬泡聚氨酯喷涂保温施工技术。这种技术通过在外墙表面喷涂硬质发泡聚氨酯形成完整的保温系统，具有显著的施工操作、环保和建筑安全优势。

①基本构造与施工流程：包括基层处理、喷涂聚氨酯硬泡、界面处理、抹面和增强网铺设以及饰面层施工。

②技术指标：系统需满足耐候性、吸水量、抗冲击强度等多项技术要求。

③适用范围：适用于多层及中高层新建民用建筑和工业建筑，特别是严寒地区和夏热冬冷地区。

④操作要点及注意事项：包括环境条件控制、施工质量控制、安全与环保措施等。

⑤材料与设备：使用特定的聚氨酯材料和专用设备。

⑥质量控制与验收：按《建筑节能工程施工质量验收标准》（GB/T 50411—2019）进行检查和验收。

外墙硬泡聚氨酯喷涂系统基本构造如图5-2所示。

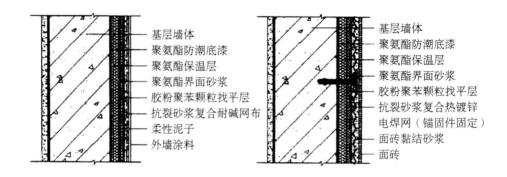

图5-2 外墙硬泡聚氨酯喷涂系统基本构造

以上两种技术各有其特点，都是现代建筑节能改造中重要的技术选择，旨在提高建筑的保温性能和能源效率。

2.岩棉板外保温系统施工技术

岩棉板外保温系统施工技术是现代建筑中常用的外墙保温技术，其显著特点是具有优异的防火性能。这一技术的施工过程包括以下关键环节。

（1）岩棉板固定。使用胶黏剂将岩棉板固定于外墙外表面，并使用专用的岩棉锚栓进一步锚固基层墙体。这一步确保了岩棉板的稳定性，并增强了整体结构的耐久性。[①]

（2）聚合物砂浆施工。在岩棉板表面涂抹聚合物砂浆，并铺设增强网。此步骤不仅可以提升保温系统的整体强度，还为饰面层的施工提供了坚固的基底。

（3）饰面层施工。施工人员完成饰面层的施工，增加建筑的美观性，同时提供额外的防护层。

在技术规程和标准方面，岩棉板外保温系统需遵循《外墙外保温工程

---

① 唐黎标.环保建材在建筑工程中的应用[J].上海建材，2017（1）：20-21.

技术规程》（JGJ 144—2019）和《建筑用岩棉绝热制品》（GB/T 19686—2015）的要求。这些标准包含对抗冲击强度、吸水量、耐冻融能力、水蒸气渗透性及耐候性等方面的具体要求。

岩棉板外保温系统特别适合用于严寒地区及夏热冬冷的地区，适用于从低层到高层建筑的新建或既有建筑的节能改造。该系统兼具优良的保温性能和防火特性，为现代建筑提供了一个高效、安全的外墙保温解决方案。

（六）现浇混凝土外墙外保温施工技术①

这是一种在建筑领域广泛应用的技术，特别适用于具有节能要求的低层、多层和高层建筑。这一技术主要包括两个部分：TCC 建筑保温模板施工技术和现浇混凝土外墙外保温施工技术。

1. TCC 建筑保温模板施工技术

TCC 建筑保温模板施工技术是一种将保温和模板功能结合的创新技术，保温板与特制支架结合，形成保温模板。这些模板在施工时代替了传统模板，在另一侧与传统模板共同组成整个模板体系。施工完成后拆除模板，建筑结构和保温层便一体成型。这种技术采用的保温材料主要是挤塑聚苯乙烯泡沫塑料，不仅保温性能优越，还符合《绝热用挤塑聚苯乙烯泡沫塑料（XPS）》（GB/T 10801.2—2018）的要求。②

2. 现浇混凝土外墙外保温施工技术

这一技术是在墙体钢筋绑扎后、浇筑混凝土之前，将保温板置于外模内侧，从而使保温层与墙体紧密结合。根据不同的需求，可以选择不同的保温板材料。如果选择 XPS，需要在其表面进行拉毛、开槽等处理以增强黏结性能，并涂刷相应的界面剂。

这一技术分为"有网体系"和"无网体系"两种。有网体系是指在聚苯板的外表面有梯形槽和带斜插丝的单面钢丝网架，无网体系则采用内表面带槽的阻燃型聚苯板。在有网体系中，聚苯板需要通过塑料锚栓与墙体

---

① 袁庄.建筑工程绿色施工技术研究 [J].中国建筑装饰装修，2023（18）：96-98.
② 袁庄.建筑工程绿色施工技术研究 [J].中国建筑装饰装修，2023（18）：96-98.

钢筋绑扎,而无网体系则使用塑料锚栓进行固定。

3. 技术指标与应用

这两种技术都需要符合《外墙外保温工程技术规程》(JGJ 144—2019)和《建筑用混凝土复合聚苯板外墙外保温材料》(JG/T 228—2015)的规定,在安装精度、保温板与墙体的连接强度、抗风压等方面都有严格的技术要求。例如,对于保温板与墙体的自然黏结强度,EPS 板需大于等于 0.10 兆帕,而 XPS 板则为 0.20 兆帕。[①]

总之,现浇混凝土外墙外保温施工技术可以在确保建筑结构稳固的同时,有效提高其保温性能,实现节能效果。

(七)工业废渣及空心块应用技术

工业废渣及空心块应用技术涉及将工业废渣制作成建筑材料,主要包括磷石膏和粉煤灰产品。一种是磷铵厂和磷酸氢钙厂排出的废渣可制成磷石膏标砖、盲孔砖和砌块;另一种是以粉煤灰、石灰或水泥为主,加入石膏、外加剂、颜料和集料等,制备成空心砖。粉煤灰小型空心砌块以粉煤灰、水泥、轻重集料和水为主要组分,粉煤灰占原材料重量的 20%以上,水泥含量不低于 10%。磷石膏砖技术指标参照《蒸压灰砂空心砖》(JC/T 637—2009),粉煤灰小型空心砌块和砖的性能分别应符合《粉煤灰混凝土小型空心砌块》(JC/T 862—2000)和《粉煤灰砖》(JC/T 239—2014)的技术要求。磷石膏砖适用于非承重墙外墙和内填充墙,而粉煤灰小型空心砌块适用于工业与民用建筑的承重墙体和框架结构填充墙。[②]

---

① 建筑业 10 项新技术(2010 版)[EB/OL].(2023-05-24)[2024-10-30].https://wenku.baidu.com/view/67db3c6eeb7101f69e3143323968011ca200f759.html?_wkts_=173129404 5712&bdQuery=%E2%80%82%E5%BB%BA%E7%AD%91%E4%B8%9A+10%E9%A1%B9%E6%96%B0%E6 %8A%80%E6%9C%AF+2010%E7%89%88&needWelcomeRecommand=1.

② 建筑业 10 项新技术(2010 版)[EB/OL].(2023-05-24)[2024-10-30].https://wenku.baidu.com/view/67db3c6eeb7101f69e3143323968011ca200f759.html?_wkts_=17312940457 12&bdQuery=%E2%80%82%E5%BB%BA%E7%AD%91%E4%B8%9A+10%E9%A1%B9%E6%96%B0%E6%8A%8 0%E6%9C%AF+2010%E7%89%88&needWelcomeRecommand=1.

（八）隔热断桥铝合金窗技术

隔热断桥铝合金窗技术的原理是在铝型材中间穿入隔热条，从而断开铝型材，形成所谓的"断桥"，显著降低热量传导。这种技术使隔热铝合金型材门窗的热传导性比非隔热型材降低 40% ～ 70%。断桥铝合金窗采用隔热断桥铝型材、中空玻璃及专用五金配件和密封胶条等制作，是一种节能型窗。其主要特点是使用断热技术将铝型材分隔为室内外两部分，断热技术主要有穿条式和浇注式两种。

按照《铝合金窗》（GB/T 8478—2020）的标准，断桥铝合金窗应符合相关地区的节能设计标准。断桥铝合金窗适用于各类建筑物的外窗，具有轻质、高强度、精密装配和优异的隔音性能。

（九）太阳能与建筑一体化应用技术

太阳能与建筑一体化应用技术是在建筑规划设计初期，将太阳能应用融入建筑元素，如屋面构架、阳台、外墙及遮阳设施中，使其成为建筑的有机部分。这种技术分为太阳能光热一体化和太阳能光电一体化两种主要形式。[1]

太阳能光热一体化技术主要将太阳能转化为热能，应用于建筑供暖、生活热水提供和被动太阳房间接加热。例如，太阳能空气集热器可以用于供暖，太阳能热水器则可以提供生活热水。

太阳能光电一体化技术是利用太阳能电池将太阳能转化为电能，通过蓄电池储存，并在夜间通过放电控制器释放以供照明和其他用电需求。光电池组件通常由多个单晶硅或多晶硅单体电池组成，主要功能是将光能转换为电能。

在技术标准方面，太阳能光热一体化需遵循《民用建筑太阳能热水系统应用技术规范》（GB 50364—2018）和《太阳能供热采暖工程技术规范》（GB 50495—2019）的规定；光电一体化则按照《民用建筑太阳能光伏系

---

[1] 绿色施工技术 [EB/OL].（2024-10-12）[2024-11-01].https://wenku.baidu.com/view/80d4a1fcf4ec4afe04a1b0717fd5360cba1a8d91.html?_wkts_=1731306574426&bdQuery=%E2%80%82%E7%BB%BF%E8%89%B2%E6%96%BD%E5%B7%A5%E6%8A%80%E6%9C%AF+-+%E7%99%BE%E5%BA%A6%E6%96%87%E5%BA%93&needWelcomeRecommand=1.

统应用技术规范》（GB/J 51368—2019）进行。

太阳能与建筑一体化应用技术的适用范围广泛，包括太阳辐射总量较高的青藏高原、西北、华北、东北大部分地区以及部分低纬度地区。

（十）供热计量技术

供热计量技术是一种专门用于集中供热系统的计量方法，旨在精确测量热源供热量和用户的用热量。这种技术包含三个主要部分：热源和热力站的热计量、楼栋热计量、分户热计量。

在技术指标方面，供热计量的方法和标准应依照《供热计量技术规程》（JGJ 173—2009）来执行。这一规程为整个供热计量工作提供了标准化的指导和参考。

供热计量技术的适用范围非常广泛，适用于中国所有的采暖地区。采用供热计量技术，不仅可以提高能源使用效率，还能更公平地分配供热成本。

（十一）建筑外遮阳技术

建筑外遮阳技术是一种通过在建筑外部安装遮阳设施来调节室内温度和光线的方法。主要技术内容包括将遮阳设施安装在建筑的外窗、透明幕墙和采光顶等不同位置。遮阳设施在夏季能阻止太阳辐射热进入室内，而在冬季则有助于防止室内热量通过窗户散失。[1]适当的遮阳不仅可以节约建筑运行能耗，还能显著降低空调和采暖的能源消耗。

遮阳设施根据安装位置的不同，可以分为外遮阳、内遮阳和中间遮阳。合理的遮阳设计能使外窗的保温性能提高约一倍，从而节约建筑采暖用能约10%。

在技术指标方面，影响建筑遮阳性能的主要指标包括抗风荷载性能、耐雪荷载性能、耐积水荷载性能、操作力性能、机械耐久性能、热舒适和视觉

---

[1] 绿色施工技术 [EB/OL].（2024-10-12）[2024-11-01].https://wenku.baidu.com/view/80d4a1fcf4ec4afe04a1b0717fd5360cba1a8d91.html?_wkts_=1731306574426&bdQuery=%E2%80%82%E7%BB%BF%E8%89%B2%E6%96%BD%E5%B7%A5%E6%8A%80%E6%9C%AF+-+%E7%99%BE%E5%BA%A6%E6%96%87%E5%BA%93&needWelcomeRecommand=1.

舒适性能等。相关产品技术性能指标详见《建筑遮阳通用要求》（JG/T 274—2018），施工时应遵循《建筑遮阳工程技术规范》（JGJ 237—2011）。[①]

建筑外遮阳技术的适用范围广泛，须综合考虑地区气候特征、经济技术条件和房间使用功能等因素。这种技术适用于我国不同气候条件的地区，包括严寒地区、夏热冬冷地区和夏热冬暖地区的工业和民用建筑。通过合理设计和应用，建筑外遮阳技术能有效提升建筑的能效和舒适度。

三、智慧工地技术在绿色建筑施工中的应用

目前，智慧工地技术正日益成为绿色建筑施工的核心组成部分，这一转变反映了建筑业从传统施工向更高效、可持续的智能化施工的演变。

智慧工地技术在绿色建筑施工中的关键应用如下：一是高新技术机器人的应用，如抹灰机器人、砌筑机器人、地砖铺贴机器人等，这些机器人提高了施工效率，降低了劳动强度；二是智能建造方法，包括泥浆水循环利用技术、超大体积混凝土溜管法、基坑盖挖法等，旨在优化资源使用和施工效率；三是建筑信息模型（Building Information Modeling, BIM）施工模拟和智慧管理平台，集成应用 BIM、物联网、视频和网络信息技术，以提高项目管理效率。

智慧工地技术的施工优势如下：一是提高施工效率，智慧工地通过自动化和数字化技术显著加快工程进度；二是降低成本和提高安全性，机器人的使用降低了人力成本，并提高了施工现场的安全性能；三是推动"智造"新时代，标志着建筑业的发展趋向技术创新和数字化管理；四是促进绿色建造，通过使用环保技术和方法，提升了建筑项目的绿色建造水平。

智慧工地的综合应用不仅展现了建筑业在科技进步方面的巨大潜力，还为实现建筑行业的可持续发展和环保目标提供了新途径。通过这些创新

---

① 绿色施工技术 [EB/OL].（2024-10-12）[2024-11-01].https://wenku.baidu.com/view/80d4a1fcf4ec4afe04a1b0717fd5360cba1a8d91.html?_wkts_=1731306574426&bdQuery=%E2%80%82%E7%BB%BF%E8%89%B2%E6%96%BD%E5%B7%A5%E6%8A%80%E6%9C%AF+-+%E7%99%BE%E5%BA%A6%E6%96%87%E5%BA%93&needWelcomeRecommand=1.

技术，建筑项目能够在提高效率的同时，减少对环境的影响，体现了现代建筑业对绿色、环保和高效的追求。

第二节　创新绿色建筑施工技术

一、绿色建筑施工是建筑生命周期中的关键环节

建筑生命周期包括物料生产、建筑规划、设计、施工、运营维护和拆除等多个阶段，其中施工阶段是整个生命周期中的重要组成部分。因此，大力发展绿色建筑，包括绿色建筑施工，不仅是科学发展的具体体现，还是建设事业可持续发展的重大战略。

绿色建筑施工是实现经济效益、社会效益和环境效益统一的关键环节。它是推进绿色建筑、创建节约型社会和发展循环经济的必然要求。例如，能源与环境产业基地绿色建筑科技馆就是以"绿色建筑"和"节能健康"理念为设计标准的三星级绿色建筑。在施工过程中，必须摒弃仅以追求工期为目标的传统施工方式，而应建立以资源高效利用为核心的环保优先原则，追求高效、低耗、环保的绿色施工模式，从而实现经济、社会和环保（生态）综合效益的最大化。[①]

为了保证绿色建筑施工的高效和有序实施，需要建立一个以项目经理为管理人的绿色建筑施工责任体系，负责组织实施和目标实现。[②]同时，应指定绿色建筑施工管理人员和监督人员，明确各自的施工职责。在施工过程中，应对整个施工过程实施动态管理，加强对施工策划、准备、材料采购、现场施工、工程验收等各个阶段的管理和监督。[③]

结合工程项目的特点，应有针对性地进行绿色建筑施工的宣传，营造

---

① 周芬，申月红．基于绿色施工的环境保护技术[J].工程质量，2011，29（1）：61-64.

② 李营社．环保背景下建筑施工技术探讨[J].科技资讯，2011（22）：78.

③ 童鑫刚．市政工程环保型施工管理思路研究[J].科技资讯，2012（4）：159-160.

绿色施工的氛围。此外，应定期对职工进行绿色建筑施工知识培训，增强其对绿色建筑施工的意识。这样的全方位、多层次的策略不仅提高了绿色建筑施工的效率和效果，还为建筑行业的可持续发展做出了贡献。

二、推进绿色建筑施工技术创新的关键策略

随着环保和节能要求的日益严格，绿色建筑施工技术在建筑工程施工中的应用变得尤为重要。通过深入研究和实施有效的应用策略，绿色建筑施工技术将运用得更加合理，从而推动建筑行业的可持续发展。图 5-1 是绿色建筑施工总体框架。

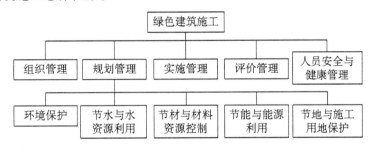

图 5-1　绿色建筑施工总体框架

推进绿色建筑施工技术创新的关键策略如下。

（一）技术创新与研发投入

研发更加高效、环保的建筑材料和施工方法，可以有效提高绿色建筑的施工效率和质量。这包括对新型节能材料的开发、智能化施工技术的应用以及可持续建筑设计的优化。应重视对废旧材料的回收利用技术和绿色建筑评价系统的完善，以推动整个建筑行业向环保、高效的方向发展。整合数字化管理工具，如使用大数据和人工智能技术来优化施工流程，可以进一步提高绿色施工的管理水平和效率。这些技术不仅能够减少建筑施工中的能源消耗和废物产生，还有助于降低长期运营成本，实现建筑的可持续发展。

（二）培训与教育

加强建筑从业人员的绿色建筑施工技术培训和教育是推动绿色建筑技

术发展的关键。提升建筑工程师和施工人员的环保意识和技术水平，可以有效推广绿色建筑。专业培训和教育能帮助从业人员掌握最新技术与施工方法，并深化对可持续建筑理念的理解。

具体来说，培训内容应涵盖节能材料使用、废物管理、水资源保护、施工现场环境影响评估等方面，同时强调节能减排技术和绿色建筑认证标准的应用，可以与教育机构、培训机构和行业协会合作，开发全面实用的培训课程。此外，应推广持续教育和终身学习理念，鼓励定期参与培训和研讨，以掌握绿色建筑领域的最新动态。对于优秀个人和组织，应给予认证和奖励，激励更多人投身绿色建筑实践。

（三）实践与案例分享

鼓励建筑企业积极分享绿色建筑施工的成功案例，对于推广绿色建筑施工技术至关重要。案例分享能够使建筑专业人士直观了解实际效果和经验，推广有效技术与方法。成功案例不仅能够提供操作经验，还能够激发行业创新。

可以建立专门平台或论坛，定期举办研讨会、工作坊和展览，促进从业者交流和合作，为新技术材料推广提供分享平台。例如，可以举办竞赛，激励创新解决方案的探索和展示。

行业组织可以通过出版案例集、建立数据库和在线资源库，收集并广泛传播成功案例，提升公众认识，为从业者提供学习资源；也可以鼓励国际案例分享和合作，帮助国内从业者了解国际先进技术和理念，促进国际经验交流，提升国内绿色建筑施工水平。

（四）整合资源和合作

建筑业推动资源整合和跨领域合作至关重要，可以整合设计师、施工单位、材料供应商等多方资源，通过团队合作共享技术、资金和信息，提高绿色建筑施工效率和质量；可以建立共通平台促进各方沟通协调，确保项目目标和绿色标准实施。设计师可以与施工团队合作保证设计与实践的一致性，同时由材料供应商提供环保材料支持绿色施工，推动行业可持续发展。

（五）持续监测与评估

建立完善的监测和评估体系，对绿色建筑施工过程进行持续的监控和评估也是重要策略。这可以帮助施工单位及时发现问题并做出调整，确保施工技术的有效应用和施工过程的环保性。

上述策略可以有效促进绿色建筑施工技术的合理应用，提高施工效率和环保水平，进一步推动建筑行业的绿色转型和可持续发展。随着技术的不断进步和政策的支持，绿色建筑施工技术的应用将成为建筑行业的一个重要趋势，为未来的城市建设提供更加环保、高效的解决方案。

三、绿色建筑施工的主要特点及其具体实践方法

绿色建筑施工作为一种具有环保性和可持续性的建筑和工程项目实施方法，旨在最大限度地减少对环境的负面影响并提高资源利用效率。[①]绿色建筑施工的主要特点及其具体实践方法如下。

（一）节约能源

绿色建筑施工强调采用高效节能的材料、设备和技术，以减少能源消耗。例如，使用再生建筑材料和高效能源设备，如发光二极管（LED）照明和太阳能板。又如，实施高效的施工过程管理，如优化建筑设计以减少材料浪费、使用节能施工机械以及推广电子文档以减少纸张使用等。这些方法可以显著降低建筑项目的整体碳足迹。进一步地，采用智能建筑技术，如自动化能源管理系统，也有助于提高建筑的能源效率。

（二）资源管理

绿色建筑施工强调合理利用和回收资源，努力减少废弃物和排放物的产生。建筑工程中的可持续资源管理，如合理规划资源使用和优化废物处理流程，对于实现建筑行业的绿色转型至关重要。

---

① 单川，张章，刘佩，等．绿色施工技术在高层建筑中的应用研究[J].中国建筑装饰装修，
2023（23）：83-85.

有效的水资源管理是绿色建筑施工的一个重要方面。这包括采用节水设备和技术来减少用水量，或者收集和利用雨水来减轻城市排水系统的负担。例如，安装低流量的水龙头和厕所，或者设置雨水收集系统用于灌溉和其他非饮用目的。在施工现场，采用有效的水管理策略，如监测水使用量、避免过度用水等，也是实现绿色建筑施工的关键。这些措施可以大大降低建筑项目对水资源的消耗，同时有助于保护和维持本地水体的健康和生态平衡。

（三）环境保护

绿色建筑施工注重保护施工现场周围的自然环境，以减少对土壤和水源的污染。例如，使用环保材料和产品来减少有害物质的释放，或者选择无毒或低挥发性的油漆和黏合剂。绿色施工还包括采取措施减少施工活动对周围生态系统的影响，如设立保护区域，保护施工现场周围的植被和野生动物栖息地。在施工过程中，采用防尘、减噪措施，如喷水抑尘和使用噪声低的施工设备，以减少对周围环境和社区的影响。通过这些实际行动，建筑施工对环境的负面影响将大大降低。进一步地，绿色建筑施工实施环境影响评估和监测，确保施工活动符合相关环保法规和标准。总之，绿色建筑施工不仅有助于保护自然环境，还有助于提升项目的社会责任和公众形象，为可持续发展做出贡献。

（四）健康与舒适

绿色建筑施工旨在提供良好的室内环境，确保空气质量，并采用舒适的设计和设备来提高居住者的舒适度。例如，通过自然采光和优化通风系统来改善室内环境，选择非有害的建筑材料和内饰来减少室内空气污染，种植绿色植物来提高建筑物的美观性。

绿色建筑施工还强调对声音环境的管理，通过使用隔音材料来减少噪声污染，创造更加宁静的居住和工作环境。同时，对于室内温度和湿度的控制也非常重要，应通过高效的隔热材料和智能温控系统，使室内温度和湿度保持在舒适范围内。

（五）社会责任

绿色建筑施工项目强调社会责任，注重社区需求和居民福祉。一般情况下，绿色施工考虑其对当地经济和社会的积极影响，使用本地材料和劳动力来支持当地经济。

确保施工透明度和公众参与至关重要，可以通过社区会议通报工程进展，并通过培训和教育项目帮助当地居民和工人掌握相关知识。

绿色建筑施工社会责任包括对建筑性能、社区、经济和文化的全面考虑。这种全面社会责任观能够提升项目社会价值，增强公众支持和信任，促进社区和环境和谐共存。

（六）实施策略

绿色建筑施工的实施策略涵盖了一系列综合措施，旨在提高建筑项目的环境友好性和可持续性。这些措施包括使用环保建材、节能设备和绿色技术，实施垃圾分类和再利用，合理规划土地使用，提供自行车道和绿化空间，推广可再生能源的使用，等等。例如，使用低碳排放的建筑材料，或者安装节能灯具和高效率的供暖、通风和空调系统。

绿色建筑施工策略包括在设计阶段就考虑建筑的能源消耗和环境影响，如通过被动式设计减少对能源的需求。在施工过程中，可以采用最小化废物产生和最大化资源回收的方法，如通过精确计算材料需求来减少浪费，并且重新利用建筑废料。

为了更好地促进绿色建筑施工的实施，项目管理团队应采取积极的协调策略，确保所有相关方在绿色施工目标和方法上达成一致。可以对施工人员进行绿色建筑相关的培训，提高他们对于可持续建筑实践的理解和技能。

四、绿色建筑施工中的环境保护

（一）扬尘控制

扬尘控制是一个重要的环境保护措施，特别在建筑施工领域。据调查，建筑施工是产生空气扬尘的主要原因，这些扬尘来自多种施工活动，包括渣土的挖取和清运、回填土、裸露的料堆、拆迁施工中的垃圾抛撒、堆存的建筑垃圾以及现场搅拌砂浆等。为了有效控制扬尘，需要采取一系列分类管理措施。①

1.扬尘控制管理措施

（1）确定合理的施工方案。在施工前，要详细了解周围环境，包括风向、风力、水源、周围居民点等，并制定相应的扬尘控制措施。这些措施应该纳入绿色施工专项施工方案中。

（2）选择工业化加工的材料、部品、构件。工业化生产能够减少现场作业量，从而降低扬尘的产生。

（3）合理调整施工工序。安排容易产生扬尘的施工工序在风力较小的天气进行，如拆除和爆破作业等。

（4）合理布置施工现场。将易产生扬尘的材料堆场和加工区远离居民住宅区，减少对居民的影响。

（5）制定相关管理制度。针对每项扬尘控制措施，制定相关管理制度，并宣传贯彻到位。

（6）配备奖惩和公示制度。奖惩和公示制度是推动措施执行的手段，需要与宣传教育相结合，确保措施的有效执行。

2.场地处理

（1）硬化措施。对施工道路和材料加工区进行硬化处理，定期保持表面无浮土。

---

① 项建明.建筑施工移动式智能空气降尘装置的研发[J].浙江建筑，2018，35（10）：49-51.

（2）裸土覆盖。采用密目丝网临时覆盖短期内闲置的施工用地，较长时期内闲置的施工用地可以种植易存活的花草进行覆盖。

（3）设置围挡。在易飞扬的材料堆场周围设置封闭性围挡或使用密目丝网覆盖。有条件的现场可设置挡风抑尘墙。

3.降尘措施

（1）定期定时洒水。无论是施工现场还是作业面，都应定期洒水以确保无浮土。

（2）采用密目安全网。在工程脚手架外侧采用密目式安全立网进行全封闭，定期清洗和检查，发现破损要及时更换。

（3）施工车辆控制。运送土方、垃圾、易飞扬材料的车辆必须封闭严密，不过载。土方施工阶段要设置洗车槽，确保车辆驶出工地时进行轮胎冲洗，避免污损道路。

（4）垃圾运输。清理灰尘和垃圾时使用吸尘器，避免使用吹风器等易产生扬尘的设备。[①]清理垃圾时应搭设封闭性临时专用道路或采用容器吊运，禁止直接抛撒。

（5）特殊作业。对于易产生扬尘的特殊作业，如岩石层开挖、机械剔凿、清拆建筑物和爆破拆除建筑物，需要采取相应的扬尘控制措施，包括湿作业、喷淋除尘、遮挡尘土等综合降尘方法。

（6）易飞扬和细颗粒建筑材料封闭存放。储存易飞扬和细颗粒建筑材料时，需要封闭存放以减少扬尘。

这些控制措施有助于降低建筑施工过程中的扬尘污染，有利于保护环境。同时，它们反映了对可持续发展和绿色施工的重视。

（二）噪声与振动控制

根据《建筑施工场界环境噪声排放标准》（GB 12523—2011），建筑施工噪声对周围环境的影响昼间不超过70分贝，夜间不超过55分贝。施工

---

① 王锐，魏娜.基于绿色理念的建筑施工技术研究[J].黑龙江科技信息，2011（3）：254.

现场各施工阶段产生噪声的主要设备和活动如表 5-1 所示。

表 5-1　施工现场各施工阶段产生噪声的主要设备和活动

施工阶段	产生噪声的主要设备和活动
土石方施工阶段	装载机、挖掘机、推土机、运输车辆、抽水泵等
打桩阶段	打桩机、混凝土、罐车、抽水泵等
结构施工阶段	电锯、混凝土罐车、地泵、汽车泵、搅拌机、振动棒、支拆模板、搭拆钢管脚手架、修理模板、外用电梯等
装修及机电安装阶段	外用电梯、搭拆脚手架、切割石材、使用电锯等

噪声与振动控制的方法如下。

一是制订合理的施工方案。要充分了解现场和建筑情况，制定噪声振动控制措施，纳入绿色施工方案[①]；严格控制夜间作业，强噪声工序禁止夜间作业；将噪声大的设备远离居民区；减少现场作业量，降低噪声；使用对讲机代替大喇叭，材料运输轻拿轻放，机械车辆定期保养，施工车辆禁止鸣笛，等等。

二是控制源头策略。选用低噪声环保设备，如低噪声搅拌机、钢筋夹断机等；优化施工工艺，用低噪声技术替代高噪声工艺；安装消声器，在噪声大的设备附近设置。

三是控制传播途径。在噪声设备和材料加工场地周围设置吸声降噪屏，在打桩机、振动棒等强噪声设备周围建立临时隔声屏障。

四是加强监管。在施工现场设置多个噪声监控点，定期检测，超标时及时采取降噪措施。

（三）光污染控制

光污染是指过量或不当的光辐射对环境造成的负面影响，常见于夜间施工照明及电弧焊等作业。控制措施如下：优选灯具，以日光型灯具为主，减少射灯和石英灯使用；调整夜间照明，给室外照明灯加设灯罩，集中光

---

① 王艾琳. 建筑节能与绿色施工管理研究 [J]. 绿色环保建材，2018（12）：52，55.

线至施工区域；钢筋加工棚的布置要远离居民和办公区，必要时采取遮挡措施；电焊作业安排白天进行，夜间施工时设置屏障以防弧光外泄；优化施工方法，尽可能采用机械连接钢筋，减少光污染。[①]

（四）水污染控制

水污染是指因物质入侵导致水体特性改变，影响水利用、危害人体健康或破坏环境。施工现场产生的污水主要是雨水和污水（生活和生产污水）。控制措施如下。

（1）基坑降水时，尽量减少抽取地下水，优先使用封闭降水；井点降水时，利用自渗效果回灌地下水；必须抽水时，监测水位，防止对环境产生不良影响。

（2）污水管理要修建排水沟、集水井，组织污水排放；化学品、油料存储要严格隔水，做好渗漏收集处理；机械设备使用、检修要控制油料污染，废水废油不直排；易挥发、污染物质要单独密闭存放。

（3）污水处理要使用移动厕所，或配置化粪池，定期清理；厨房要设隔油池，定期清理；生产、生活污水经沉淀处理后二次使用或检测后排入市政管道；雨水、污水分开收集排放。

（4）水质检测要委托有资质的单位检测废水水质，符合排放要求后排入市政管道；可采用微生物处理、沉淀剂、酸碱中和等技术，实现达标排放。

（五）废气排放控制

施工现场废气主要源于汽车尾气、机械设备废气、电焊烟气和生活燃料排气。[②]控制措施如下：要严格选择设备和车辆类型，禁用国家或地方限制或禁止的机械设备，优选国家推荐新设备；加强车辆管理，建立机械设备和车辆管理台账，跟踪年检和修理，确保合格使用；生活燃料要选用清洁燃料，减少污染；电焊烟气排放要确保符合国家相关标准；严禁现场燃

---

① 周芬，申月红.基于绿色施工的环境保护技术[J].工程质量，2011，29（1）：61-64.
② 李峻.建筑工程绿色施工实践[J].江西建材，2019（11）：169-170.

烧沥青、油毡、油漆等会产生有毒烟尘和恶臭气体的物质。

（六）建筑垃圾控制

工程施工会产生大量废物（泥沙、旧木板、钢筋废料、废弃包装物等），未处理的垃圾会占用土地、污染环境。[①]建筑垃圾主要成分及产生原因如表 5-2 所示。

表 5-2　建筑垃圾主要成分及产生原因

主要成分	产生原因
渣土	土方开挖，场地平整，旧建筑拆除
碎砖	运输、装卸不当，设计和采购的砌体强度过低，施工不当（不合理的切割和组砌等），倒塌
砂浆	运输不当（漏浆等），施工不当（铺灰过厚、超过砂浆使用期余料不及时回收等），返工
混凝土	运输不当（漏洒等），模板支撑不合理（胀模、漏浆等），超计划进料，凿桩头，返工
木材	模板、木枋加工余料，拆模中损坏的模板，周转次数太多后无法继续使用的模板
钢材	下料中钢筋头，不合理下料产生的废料，多余的采购，不合格钢
包装材料	材料的外包装，半成品的保护材料（门窗框外保护材料等）
装饰材料	订货规格与建筑模数不符造成的多余切割，运输、装卸不当造成的破损，设计变更引起的材料改变，返工
混杂材料	交叉作业中以上各类垃圾的细小部分混杂在一起形成

具体的建筑垃圾控制措施如下。

（1）建筑垃圾要减量。要制定开工前减量目标；加强材料领用和回收监管，注重施工管理，减少垃圾产生，避免返工、返料。

（2）建筑垃圾回收再利用要制定回收目标、分类要求，明确规定分类

---

① 周芬，申月红.基于绿色施工的环境保护技术 [J].工程质量，2011，29（1）：61-64.

方法、各类垃圾回收要求；在合适位置建立符合分类要求的回收池；制订现场再利用方案，减少能耗和环境污染；联系回收企业，根据需求提出具体分类要求。

（3）实施与监管要制定详细的管理制度，落实到位；制定配套表格，确保垃圾监控；要教育职工，强调回收利用，尽可能现场直接再利用；及时分析回收再利用情况，公示结果，必要时采取纠正措施。

（4）施工过程中须保护地下设施（如人防地下空间、民用建筑地下空间、地下通道、市政管网等）以及文物和矿产资源。具体如下：施工前，进行地下土层、岩层勘察，探明是否存在地下设施或文物；确定施工计划时，充分考虑地下设施和文物的位置，制定相应保护措施；在施工过程中定期监测，确保地下设施安全；避免对文物的干扰，如发现文物，立即停工并通报相关部门；合理利用矿产资源，减少浪费，保护资源。

第三节　可持续施工材料与设备

一、绿色建筑材料和建筑设备

（一）节能建材

节能建材是指那些在生产、使用或废弃过程中能够有效降低能源消耗的建筑材料。它们是实现建筑节能、减少环境污染和推动可持续发展的关键组成部分。节能建材的主要特点有高效节能、环境友好、长期耐用性、可回收性和可再生性以及改善室内环境质量的特点。典型的节能建材包括高效隔热材料（如聚苯乙烯泡沫板、岩棉板）、节能玻璃、绿色屋顶系统、反射屋面涂料以及采用可持续材料如竹材或再生材料制成的产品。它们有助于减少建筑的能耗，提高能效，同时减少对环境的影响。

随着技术的进步，一些新型节能建材如相变材料（Phase Change Meterial, PCM）和活性建材也开始被广泛应用。这些材料能够调节室内温度，减少能源消耗，同时提高建筑物的舒适度和能效。综合应用这些节能建材，不仅可以减少建筑物的运营成本，还有助于减少整体的碳排放，实现环境友好和可持续发展的目标。

（二）可再生能源设备

可再生能源设备是指那些利用自然界中可持续再生的能源资源（如太阳能、风能、水能、地热能、生物质能等）来生产能量的设备。这类设备的主要优势是提供环境友好、可持续的能源解决方案，以减少对化石燃料的依赖和减轻环境污染。常见的可再生能源设备包括太阳能光伏系统、太阳能热水器、风力发电机、地热热泵系统、生物质能设备、水力发电设备等。[①]

可再生能源设备在提供可持续能源的同时，还可以帮助减少温室气体排放。在设计现代建筑和更新现有建筑时，将这些可再生能源设备纳入能源供应系统是实现能源自给自足和减少对传统能源依赖的有效途径。随着技术的进步和成本的下降，这些设备正变得越来越普及。

（三）节水设备

节水设备是指可以减少水消耗和浪费的设备，特别是在住宅、商业和工业建筑中。这些设备通过创新的设计和技术实现节水目的，同时保持或提高效能。常见的节水设备有节水马桶、低流量淋浴头、节水水龙头、雨水收集系统、灰水回收系统、智能灌溉系统、水表和监控系统等。

通过使用这些节水设备，建筑物可以大幅减少水资源消耗，对环境产生积极影响。在水资源紧张的地区，这些设备尤其重要，有助于减轻水压力并提高水的可持续利用率。随着节水技术的不断进步和成本的降低，越来越多的建筑项目开始注重节水设备的使用。

（四）环保装修材料

环保装修材料是在建筑和装修过程中使用的对环境的负面影响较小且

---

① 李芳，宋亚杉，周亿冰.社区碳排放计算方法探讨及案例分析[J].绿色建筑，2022，14（5）：10-13.

有助于创造健康和可持续的室内环境的材料。这些材料和类型包括低挥发性有机化合物、可持续和再生材料、自然和有机材料（如有机棉、羊毛、亚麻和天然橡胶等）、无甲醛或低甲醛材料、耐用性和可维修性材料、回收和可回收材料、环保认证材料（如绿色印章、欧盟生态标签或蓝天使等）。使用这些环保装修材料有助于减少装修对环境的影响，可以为居住者提供一个更安全、更健康的居住环境。随着可持续建筑和装修日益普及，环保装修材料的需求和应用将继续增长。

（五）智能建筑设备

智能建筑设备是指在建筑中使用的各种技术和系统，它们能够提高能源效率、增强居住舒适性和安全性，同时提供智能化管理和控制功能。这些设备通常与建筑自动化系统相结合，实现对建筑环境和设施的高效管理。一些常见的智能建筑设备如智能照明系统、智能暖通空调系统（Heating, Ventilation and Air Conditioning, HVAC）、能源管理系统（Energy Management System, EMS）、安防和监控系统、智能窗户和遮阳系统、智能家居系统等。

智能建筑设备的应用不仅提高了建筑的能源效率和操作效能，还为居住者和使用者提供了更高的舒适度和便利性。随着技术的发展，这些设备越来越多地被集成到现代建筑设计中，已成为建筑可持续性和智能化的重要组成部分。

二、绿色建筑对建筑材料的要求

绿色建筑是全球对气候变化和环境问题的重要应对策略。其对建筑材料的特殊要求包括低环境影响（低碳足迹、可再生/可回收）、长寿命和可持续性以减少维护更换需求、健康无害且不释放有害物质。绿色建筑作为新的行业标杆，更加重视可持续性。

（一）绿色建筑材料对环境的影响

绿色建筑材料在应对全球气候变化和资源紧缺问题方面发挥着重要作用。与传统建筑相比，绿色建筑的核心在于采用低碳、高效能、可再生材料和技术，旨在减少温室气体排放，提高资源利用效率。

绿色建筑强调使用可再生和可回收材料，以减少对有限自然资源的依赖和环境破坏。这种材料使用策略与传统建筑常用的非可再生资源（如矿石和石油等）形成了鲜明对比。绿色建筑通过应用节能技术和可再生能源，如高效隔热材料、智能照明系统、太阳能电池板等，有效降低了能源消耗，减少了对传统能源的依赖。

在水资源管理和废物回收方面，绿色建筑也展现出其优势。通过采用节水器具、雨水收集和循环利用系统等措施，绿色建筑在节约水资源和提高水效率方面远超传统建筑。同时，绿色建筑在选址和设计中考虑到对自然环境和生态平衡的影响，优先选择对生态影响较小的地点，并采取生态修复措施，与传统建筑的选择形成了鲜明对比。

（二）绿色建筑材料选择的重要性

随着环境问题的加剧，建筑行业不断采用更可持续的建筑方法，选择绿色建筑材料便是核心策略之一。这些材料不仅在减少环境影响方面发挥了作用，还为建筑师、开发商和居民带来了诸多益处。

绿色建筑材料如再生木材、低挥发性有机化合物涂料和节能设备旨在降低资源消耗和污染排放。这些材料相比传统材料具有更小的碳足迹和更长的使用寿命，有助于减缓气候变化和保护生物多样性。它们还能创造更健康、更舒适的室内环境，提升居住者的生活质量。

低 VOC 涂料有助于改善室内空气质量，减少对居住者健康的负面影响。高效的隔热材料和窗户设计能显著降低能耗，保持室内温度的稳定。在噪声控制和空间布局方面，通过使用隔音材料和合理规划，绿色建筑能够降低噪声，改善采光和通风条件。

（三）评估建筑材料的"绿色"程度

在建筑领域，评估材料的"绿色"程度越发重要。常用的评估建筑材料的可持续性的方法如下。

1. 生命周期分析

生命周期分析（Life Cycle Assessment, LCA）是一种用于评估材料或产品从"摇篮"到"坟墓"的全过程中对环境的影响的方法。这个全过程包括从原材料的提取和加工、制造、运输和分配，到使用、重复使用、维修、再制造，最终到废弃和回收处理。LCA 的主要目的是识别和量化这些阶段中的资源消耗、能源使用水使用以及对空气和水的污染物排放。此外，它还涉及废物产生以及废物的处理和最终处置。

通过对材料或产品整个生命周期的全面评估，LCA 帮助制造商、设计师和消费者理解在整个生产和使用过程中的环境影响。这种分析使得比较不同产品或材料的环境性能成为可能，从而支持更环保的决策。例如，在建筑设计中，通过 LCA 可以选择环境影响最小的建筑材料和技术。

LCA 是推动环境可持续发展的重要工具，它能帮助人类识别减少环境影响的潜在机会，促进资源效率的提高。随着环境意识的增强和技术的进步，LCA 在多个领域中的应用越来越广泛，成为可持续发展的关键组成部分。

2. 碳足迹计算

碳足迹计算是一种衡量材料、产品、活动或组织在其生命周期内产生的温室气体（Greenhouse Gases, GHG）排放量的方法。这种评估特别关注二氧化碳排放，但也包括其他温室气体，如甲烷和氧化亚氮。碳足迹的核心目的是量化和理解材料或活动对全球气候变化的潜在影响。

碳足迹计算对于理解个人、企业或产品对气候变化的贡献至关重要。它不仅能识别减少温室气体排放的机会，还支持制定和实施更有效的环境政策和实践。对于企业来说，计算碳足迹是实现可持续发展目标、增强环境责任和提高市场竞争力的重要手段。对于消费者而言，了解产品的碳足迹可以帮助他们做出更环保的选择。[①]随着全球对气候变化问题的关注日益增加，碳足迹计算在许多领域变得越来越重要。

---

① 邱诒耿，孟凡亮，胡其越. 国内外产品碳足迹核算方法发展现状综述：基于产品种类规则 [J]. 科技经济市场，2023（8）：119-121.

3. 第三方认证

第三方认证在推动建筑材料可持续性方面起着关键作用。这种认证是由独立机构进行的，旨在确认产品、服务或系统符合特定的标准或准则。在建筑材料领域，第三方认证能帮助人类确保材料的生产、加工和使用过程符合环境保护、社会责任和经济可持续性的标准。

例如，森林管理评价委员会（Forest Stewardship Council, FSC）认证专注于木材和木制品。FSC 认证确保木材来源于可持续管理的森林，这些森林在环境保护、社会效益和经济可行性方面达到了严格的标准。FSC 标签使消费者能够识别并选择那些对森林生态系统和当地社区负责的木材产品。

除了 FSC，还有许多其他第三方认证程序，专注于评估产品的能效表现，帮助消费者选择节能产品，减少能源消耗和温室气体排放等。

第三方认证为制造商、设计师和消费者提供了一个可靠的参考点，帮助他们在复杂的市场中做出更环保的选择。这些认证通过推广透明度和可持续性的最佳实践，鼓励更广泛的行业采纳环保标准，从而对整个社会和环境产生积极的影响。目前，第三方认证在全球范围内变得越来越重要，已成为促进可持续发展的重要工具。

4. 环境产品声明

环境产品声明（Environment Product Declaration，EPD）是一种标准化的工具，用于传达产品在整个生命周期中的环境影响。EPD 通常基于生命周期分析数据，为建筑师、设计师、工程师和消费者提供关于产品环境性能的详细和可比较的信息。

对于建筑和设计领域的专业人员来说，EPD 是一种重要的资源，因为它提供了决策所需的详细环境信息。通过使用 EPD，设计师可以选择环境影响最小的材料，进而设计出更可持续的建筑。EPD 也支持建筑获得可持续建筑认证，因为这些认证系统经常要求明确的环境性能数据。

环境产品声明不仅促进了产品制造商在环境保护方面的透明度，还为建筑和设计行业提供了一个实现更环保、更可持续设计的有力工具。随着全球对环境保护和气候变化问题的关注日益增加，EPD 在许多行业中的重要性也在不断提升。

5.其他评估工具

除以上评估工具外，还有一些评估工具被广泛用于辅助专业人员选择更可持续的建筑材料。

这些工具和标准提供了多种方法来评估和提高建筑材料的可持续性。它们帮助专业人员不仅考虑材料的环境影响，还考虑健康和社会因素，从而在建筑和设计项目中做出更全面和更负责任的选择。随着可持续建筑的不断发展，这些工具在建筑行业中的重要性将持续增长。

（四）未来的发展趋势与展望

随着全球气候变化和资源紧缺问题的加剧，绿色建筑正逐渐从替代性建筑方式转变为主流。未来，人们将看到绿色建筑在技术和创新方面的更多发展，如自给自足的建筑、无碳建筑和零能耗建筑将成为趋势。这些建筑将更加智能，能自适应环境变化并自动调整室内环境。

未来的绿色建筑将运用主动策略，如利用太阳能电池板和风力发电装置，主动吸收和储存可再生能源。这种能源自给自足的模式将减少对传统能源的依赖。绿色建筑还将注重对雨水的收集和利用，同时注重生态系统的恢复，如引入植被和鼓励野生动植物栖息。

绿色建筑的未来不仅关注环境层面，还将更多地关注社会和经济效益。建筑设计将强调居民健康和幸福感，创造舒适的居住环境。未来，绿色建筑将鼓励社区参与，增强社会凝聚力，并追求长期的经济效益。

目前，智能建筑材料、3D打印建筑技术和新型可持续材料研发正引领建筑行业进入一个创新和可持续发展的新时代。智能建筑材料，如自愈合混凝土、热响应型材料和光催化涂料，正在改变人们对建筑功能和效能的理解，这些材料能够适应环境变化，提高能效和耐用性。3D打印技术正在建筑行业中扮演越来越重要的角色，不仅因为其能够加快建造过程、降低成本，还因为它在使用可持续材料方面展现出巨大潜力。3D打印技术允许使用回收材料和自然生物材料，如木材纤维和生物塑料，这些材料不仅环保，还能够减少废物和碳排放。此外，对新型可持续材料的研发也在不断进步，如纳米材料、生物基材料和轻质高强材料，这些材料在增强建筑性能的同时，更加注重减少环境影响和提高能源效率。这些创新技术和材料的融合预示着未来建筑将更加智能和高效，可为实现绿色可持续发展的目标奠定坚实基础。

三、建筑材料的管理

（一）管理措施

实施集中规模管理对于提高材料的使用效率至关重要。集中管理配合灵活调度周转材料，可以有效降低材料闲置率，确保资源的最大化利用。这种管理方式不仅节约成本，也减少了资源的浪费。

加强材料管理是确保建筑项目成功的基础。选择耐用、易于维护和可拆卸的材料，如对金属材料进行适当的维护、保证木质材料的整齐存放，都是提高材料使用寿命和效率的关键措施。严格的使用要求和完善的领用制度，如禁止现场私自裁切材料和执行严格的报废制度，可以有效减少浪费，确保材料的有效利用。

选择专业队伍进行模板施工的制作、安装和拆除，是实现材料管理高效化的重要方面。专业团队的技术专长和经验可以最大限度地减少材料的浪费，确保建筑工程的质量和效率。

风险管理是建筑材料管理的重要组成部分。随着环境法规的日益严格，采用绿色材料可以减少合规风险和潜在的额外成本。在传统建筑材料可能面临更多限制的趋势下，选择环保的材料选项成为规避风险的明智选择。

总之，建筑材料的有效管理不仅关乎经济效益，还涉及环境保护和可持续发展。实施科学的管理措施，可以在保证建筑质量的同时，实现资源的节约和对环境的保护。

（二）技术措施

在现代建筑工程中，技术措施的实施对提高施工效率和质量至关重要。

首先，优化施工方案是基础，这包括合理安排工期以减少周转材料的租赁时间，从而降低成本和提高资源利用效率。其次，推广新型模板在现代建筑中发挥着重要作用。使用定型钢模、钢框胶合板、铝合金模板和塑料模板等新型模板不仅提高了施工效率，还有助于提高建筑结构的稳定性和安全性。这些模板由于其耐用性和可重复使用性，可以降低长期成本和环境影响。

脚手架体系的创新也是技术措施的一部分，特别是管件合一的脚手架体系，这种体系不仅提高了安装速度，还提高了工地的安全性。在多层和高层建筑施工中，使用可重复利用的模板体系和工具式模板支撑已成为趋势。这些体系能够适应不同的建筑设计，同时减少资源浪费。[①]

高层建筑的外脚手架通常采用整体提升和分段悬挑的方案，这种方法不仅安全高效，还能减少对周围环境的影响。新型建筑技术如使用外墙保温板代替传统的混凝土模板或者叠合楼盖等，不仅能减少模板用量，还能提高建筑的保温隔热效果。这些创新技术的应用，有助于提高建筑工程的整体质量和性能，同时减少了建筑过程中的环境影响。

上述技术措施不仅促进了建筑行业的可持续发展，还提高了建筑的环境友好性，是现代建筑工程不可或缺的重要组成部分。

（三）临时设施

对于临时用房的建设，可以采用可拆卸的结构，如可折叠的钢架结构，以便在工程结束后容易拆除和回收材料。同时，可以选择可回收的建筑材料，如再生木材、可再生塑料等，以减少资源浪费。

在利用现有建筑和市政设施方面，可以优先考虑重复使用已有的建筑物或场地，而不是新建临时设施。这不仅可以减少资源消耗，还可以提高资源利用效率。周边道路的合理规划和利用也是重要的一环，可以确保施工和工地运输的顺畅和高效。

围挡材料的可重复使用率达到 70% 以上是一个具有挑战性的目标，但通过标准化和工具化的方法，可以实现这一目标。例如，可以设计可重复

---

① 王凤起. 绿色施工示范工程的创建与研究 [J]. 建设科技，2012（7）：72-75.

使用的装配式围挡系统，以便在不同工程项目中多次使用。定期维护和检修围挡材料，确保其长期可用性，也是提高可重复使用率的关键因素。

临时设施的可持续性建设需要综合考虑材料选择、资源利用、设计和维护等多个方面，以实现最大限度的重复使用和资源节约。这将有助于减少环境影响，提高施工项目的可持续性。

（四）须考虑的因素

在选择绿色建筑材料时，须综合考虑多个因素，以确保环境效益、功能性和经济可持续性相互协调。环境影响是选择绿色建筑材料的首要考量。选择的材料应该能够减少对自然资源的依赖，支持资源的循环利用。这包括考虑材料在生产过程中的能源消耗、排放量以及废弃物的处理方式，以确保整个材料的生命周期对环境的负担最小。

材料的隔热、隔音、防火和耐久性等功能特性需要被重视，要确保材料能提升建筑的整体性能，并符合绿色建筑标准。这不仅关乎建筑的安全性和实用性，还涉及能效和环保标准的满足。美学与舒适度也是必须考虑的因素。绿色建筑材料不仅要环保，还应符合美观与舒适度的需求，如材料的颜色、纹理和整体效果要满足建筑设计的审美标准和用户的居住舒适度要求。材料来源也不容忽视。优先选择当地获取的材料可以减少运输成本和环境影响，同时支持当地经济发展，能促进地方材料的可持续性发展。

遵循法规和标准是确保项目成功的基础。必须确保所选材料符合当地建筑法规和环保认证标准，以获得政府或机构的支持，并保证项目的合规性。技术兼容性是实现高效能材料应用的关键。需要考虑材料与现有建筑技术的匹配度，确保材料能与特定建筑系统有效结合，以实现最佳的性能。

通过上面的综合考虑，绿色建筑材料的选择将能够更好地服务于建筑的环境、功能和经济目标。

第六章　节能与能效管理

第一节　节能施工策略

一、关键节能技术的应用

我国绿色建筑节能技术的关键点需要根据我国国情进行调整和优化，以适应不同地区的气候、资源和市场条件。下面是关于我国绿色建筑节能技术的关键点的详细阐述。

（一）节能技术

1. 保温隔热技术

（1）技术描述。我国地域辽阔，气候多样，因此保温隔热技术需要根据各地气候特点进行选择。具体来说，寒冷地区宜采用高密度绝缘材料和双层窗户，以优化建筑的保温性能，减少供暖能耗；温暖地区则适宜使用轻型隔热材料和改进通风设计，以维持建筑的凉爽和降低制冷需求。适应气候的保温隔热技术可以显著提高能效，减少能源浪费。

（2）实施策略。依据地区气候差异，制订不同的保温隔热解决方案，如在北方寒冷地区使用厚重绝缘材料和高性能窗户，在南方温暖地区则采用轻型材料和通风策略。

（3）成本效益分析。虽然高效保温隔热材料的初始投资较高，但长期来看，其能显著减少能源消耗，从而节约运营成本。适当的投资可在未来几年内通过减少能耗获得回报。

（4）优势和影响。正确的保温隔热技术应用不仅能提高建筑的能源效率，还有助于创造舒适的居住环境，减少温室气体排放，支持可持续建筑的发展目标。

2.节能照明技术

（1）技术描述。作为全球最大的 LED 生产和消费市场之一，我国对 LED 照明技术的采用具有显著意义。LED 照明以其高能效和长寿命特性显著降低了能源消耗及维护成本。智能照明控制系统可根据不同时间、季节和室内环境调节照明，进一步提高能源利用效率。例如，白天可利用自然光减少人工照明，夜间或阴天则增强照明强度。

（2）实施策略。全面推广 LED 照明技术，特别是在公共建筑和工业设施中。同时，结合智能控制系统，如光感应器和运动传感器，优化照明使用，减少不必要的能源消耗。

（3）成本效益分析。虽然 LED 照明和智能控制系统的初期成本相对较高，但其长期节能效果可显著降低运营成本。节能效果可在几年内覆盖初始投资，长期来看具有经济效益。

（4）优势和影响。LED 照明技术及智能控制系统的应用不仅提高了能源效率，还有助于减少温室气体排放，促进环境可持续性。改善照明质量还能提升居住和工作空间的舒适度，对人们的健康和生活质量产生积极影响。

3.太阳能技术

（1）技术描述。我国的太阳能资源丰富，太阳能利用方式较为多样。例如，太阳能光伏系统可安装于建筑屋顶或立面，将太阳光转化为电力，从小型住宅到大型商业建筑都很适用；太阳能热水系统通过集热器将太阳能转换为热能，广泛用于供暖和热水生产；太阳能建筑设计通过优化窗户的位置和布局，增强自然采光和太阳能采暖，减少对人工照明和供暖的依赖。

（2）实施策略。根据建筑类型和地理位置，定制化太阳能系统的设计和安装。例如，推广太阳能光伏和热水系统的应用，同时鼓励在建筑设计初期就考虑太阳能利用，如合理的朝向和结构布局。

（3）成本效益分析。太阳能技术虽有较高的初期投资，但长期来看，其节能效益显著，尤其是在阳光充足的地区。同时，太阳能技术的运营和维护成本相对较低，且有助于减少对传统能源的依赖，降低能源成本。

（4）优势和影响。太阳能技术的应用有助于减少温室气体排放，促进环境可持续性。它提供了一种清洁、可再生的能源解决方案，减少了对化石燃料的依赖。太阳能系统的集成可以提升建筑的美学价值，并提高建筑能源自给自足的能力。①

4.结构材料技术

（1）技术描述。结构材料技术的创新包括使用预拌混凝土和商品砂浆以减少材料损耗和环境污染，同时提高施工质量。混凝土配合比的优化，如使用粉煤灰、矿渣、外加剂等，旨在降低水泥用量。推广轻骨料混凝土以减少普通混凝土的使用，同时提供更好的保温隔热、抗火和隔声特性。推广高强度混凝土旨在提高承载力和延长使用寿命。预应力混凝土技术和高强度钢筋的使用则减少了资源消耗。新型钢筋连接方法和钢结构的优化制作安装方法进一步提高了材料效率。

（2）实施策略。推广先进的结构材料技术，包括培训工人和工程师以适应新材料和新技术。在建筑项目中采用高效的材料管理和制作流程，以减少浪费和优化资源利用。

（3）成本效益分析。虽然初期投资可能增加，但长期来看，这些技术能显著减少材料损耗和维护成本，提高结构的耐久性和效率。这种长期的节省可抵消初期的高成本。

（4）优势和影响。结构材料技术的创新不仅提高了建筑的结构性能和耐久性，还对环境保护做出了积极贡献。这些技术减少了建筑行业对自然资源的依赖，降低了碳排放，有助于实现可持续的建筑实践。同时，它们也提高了建筑的能效，为实现绿色建筑的目标做出了重要贡献。

5.防护材料技术

（1）技术描述。防护材料技术着重于使用耐候性和耐久性强的材料建

---

① 景泉，贾濛，周晔.基于传统绿色营建理念的当代建筑设计策略研究[J].建筑技艺，2020（7）：66-71.

造门窗、屋面和外墙等围护结构。这些材料通常具有优良的防水性能和保温隔热性能。例如，门窗中广泛使用密封性能佳、保温隔热效果好、隔声性能出色的型材和玻璃，屋面和墙体等部位则采用专用的保温隔热系统材料，确保建筑结构的安全性和耐久性。

（2）实施策略。在施工过程中采取有效措施以确保围护结构的密封性、防水性和保温隔热性。要特别注意在保温隔热系统与围护结构的接合处处理，以尽量降低热桥效应。这涉及精确的设计和施工技巧，确保各个组件之间的无缝连接和性能一致性。

（3）成本效益分析。虽然高性能防护材料的初期成本可能较高，但长期来看，它们能大幅降低能源消耗和维护费用。这种节能效果使得投资回报期缩短，且在建筑整体使用寿命内带来经济效益。

（4）优势和影响。防护材料技术在提高建筑的能效和舒适度方面起着重要作用。它们能有效隔热和隔声，提高室内环境质量。同时，这些材料的耐久性和环保特性符合可持续建筑的要求，有助于减少建筑对环境的影响。通过降低能耗和提高生活质量，防护材料技术在推动绿色建筑和可持续发展方面扮演了关键角色。

6.空调系统优化技术

（1）技术描述。由于我国气候多样，空调系统优化的关键在于根据不同地区气候条件选择合适的系统。例如，寒冷地区须重视高效供暖和保温技术，而炎热地区则强调有效的制冷和通风系统。智能温控技术在此扮演着重要角色，能够根据需求灵活调节温度，如在需求较低的时段降低制冷或供暖强度，提高能效并减少电能消耗。

（2）实施策略。针对不同地区气候特征，采用适应性强的空调系统设计。例如，在北方地区优先选择高效率的供暖系统，而在南方地区则采用高效率的制冷系统。同时，结合智能控制技术，如感应器和可编程恒温器，实现温度的自动调节，确保能源使用效率最大化。

（3）成本效益分析。虽然投资高效和智能空调系统的初始成本可能较高，但长期来看，这种投资可以通过减少能源消耗和维护成本带来显著的经济回报。智能温控技术有助于降低过度使用空调造成的能源浪费，因此长期能效提高将抵消初始成本。

（4）优势和影响。优化的空调系统不仅提升了建筑的能效，还增强了居住和工作环境的舒适度。智能温控技术通过精准调节，提供了更为个性化和适应性强的室内环境，同时减少了对环境的影响。降低能源消耗对于减少温室气体排放和支持可持续发展目标至关重要。①

7.水资源管理技术

（1）技术描述。我国部分地区面对水资源短缺的挑战，因此有效的水资源管理变得至关重要。在绿色建筑中，采用节水设备和水资源回收系统至关重要。例如，高效节水卫生器具和雨水收集系统可以大幅度降低水资源的消耗。水资源管理的策略须针对各地水资源状况进行调整，如在水资源丰富地区灵活利用水资源，在缺水地区则强调合理利用和回收，以实现可持续的水资源利用。

（2）实施策略。根据地区水资源情况制定差异化策略。在水资源匮乏的地区，优先考虑安装雨水收集和循环利用系统，同时推广节水卫生器具。在水资源较丰富的地区，除节水措施外，还可以考虑更多可持续的水利用方式，如生态雨水花园和地表水循环利用。

（3）成本效益分析。虽然安装节水设施和循环系统需要初期投资，但长期而言，这些措施将通过降低水费和维护成本带来经济效益。对于缺水地区，节水措施能显著减轻对外部水资源的依赖，减少因水资源短缺而可能产生的额外成本。

（4）优势和影响。有效的水资源管理不仅有助于减轻对有限水资源的压力，还对环境保护和可持续发展产生积极影响。通过减少水的浪费，节水措施和循环利用系统可提升建筑的环保标准，同时为建筑居住者提供更为可持续和经济的生活方式。这些措施还有助于应对气候变化和环境恶化带来的挑战。

---

① 戚彬.智能建筑技术对城市能源效率的影响研究[J].城乡建设，2023（24）：48-49.

8. 智能建筑管理技术

（1）技术描述。在我国庞大的建筑市场中，智能建筑管理系统扮演着至关重要的角色。这些系统通过能耗监控、优化和远程控制功能，提高建筑的能源效率并降低运营成本。无论是住宅、商业建筑还是工业设施，智能管理系统都能适应不同建筑类型和规模的需求，提供定制化解决方案。这些系统还能够改善室内环境质量，为建筑居住者和使用者创造更舒适的生活和工作环境。

（2）实施策略。智能管理系统的实施应侧重于集成和定制化。首先，整合建筑的各项功能，如照明、供暖、通风和安全系统，以实现全方位的监控和控制。其次，根据建筑的具体需求和用户偏好，定制智能化解决方案，如能够根据环境变化自动调整室内温度和照明。最后，利用数据分析和机器学习技术不断优化系统性能，提升能效和用户体验。

（3）成本效益分析。智能建筑管理系统虽然需要初期投资，但长期来看，它们可以显著降低能源消耗和运营成本。这些系统能够优化能源利用，减少浪费，从而降低电费和其他公用事业费用。另外，智能系统可以通过提高设备效率和减少维修需求来降低长期运维成本。智能建筑通常具有更高的房产价值和更吸引人的租赁市场表现。

（4）优势和影响。智能建筑管理技术通过集成能源管理、安防监控、环境控制和设备维护等多种智能系统，实现了建筑运行的高效化和自动化，显著降低了能耗和运营成本。同时，这些管理技术通过人脸识别、远程监控等手段加强安防措施，提供个性化的舒适环境，从而提升建筑的安全性和用户体验。更重要的是，这种管理技术的出现对建筑行业产生了深远影响，促进了建筑设计理念的创新和运营模式的转变，引领行业向智能化和数字化方向发展。

9. 绿色屋顶与墙体技术

（1）技术描述。随着我国城市化的快速发展，城市热岛效应成为一个显著问题。绿色屋顶和墙体技术在此背景下显得尤为重要，它们能够提供天然遮阴和保温效果，有效减轻城市高温现象。我国城市具有多样性，因此需要根据各城市特点对技术实施进行调整。在大型城市和高密度区域，大面积的绿色屋顶和墙体能吸收热量，改善城市微气候；在小城市或郊区，可采取更灵活的措施来适应各种需求。

（2）实施策略。绿色屋顶和墙体的实施策略应包括选择适合当地气候的植被种类、保证适当的维护和灌溉系统以及考虑建筑的结构承载能力。可以与城市规划部门合作，确保这些技术的实施与城市整体规划相协调，特别是在城市绿化和生态保护方面。

（3）成本效益分析。虽然绿色屋顶和墙体的初期投资较高，但长期来看，它们可以提供显著的环境和经济效益。这些系统能够降低空调和供暖的需求，减少能源消耗，进而降低能源费用。它们还能提高城市生态系统的多样性和建筑物的美观度，从而增加房地产的价值。

（4）优势和影响。绿色屋顶和墙体技术不仅有助于缓解城市热岛效应，提高城市生活质量，还能改善城市空气质量，增加生物多样性。这些技术为城市居民提供了休闲和放松的空间，提升了城市环境的总体舒适度和吸引力。

10.可再生能源整合技术

（1）技术描述。我国在可再生能源领域，尤其在风能和太阳能方面取得了显著的进展。整合风能、太阳能等多种可再生能源，应用于绿色建筑，是关键的节能战略。这种整合有助于建筑实现能源自给自足，降低对传统能源的依赖，从而减少环境影响和碳排放。在建筑中布设太阳能光伏板、风力发电装置等，不仅能够为建筑提供清洁能源，还能够推动可持续建筑的发展，减少对化石燃料的依赖，并促进可再生能源行业的发展。

（2）实施策略。实施策略包括评估建筑的地理位置和环境条件，选择最合适的可再生能源类型。同时，需要确保各种能源技术的有效集成以及与现有能源系统的兼容性。应考虑政策支持和激励措施，如补贴和税收优惠，以降低初期投资成本。

（3）成本效益分析。虽然可再生能源系统的初期投资相对较高，但长期来看，它们能够提供显著的节能效益并降低运营成本。这些系统能够提高建筑的能源独立性，减少对不稳定的传统能源供应的依赖，并可能带来额外的收入，如通过售电获得收入。

（4）优势和影响。可再生能源整合不仅有助于减少温室气体排放和环境污染，还提升了能源安全和供应的可靠性。这种整合支持绿色经济的发展，能够创造就业机会，并有助于实现我国的长期节能减排目标。通过提高建筑的能源效率和减少对化石燃料的依赖，可再生能源整合为实现可持续发展和应对气候变化提供了重要手段。

（二）新兴技术的革命性影响

在建筑领域，新兴技术正引领一场革命，推动着建筑行业朝着更加绿色和可持续的方向发展。这些技术不仅提高了建筑效率和性能，还在改善环境质量、降低能源依赖等方面发挥着重要作用。

BIM 技术正在彻底改变建筑设计和管理的方式。BIM 通过三维模型实现建筑的可视化设计、施工管理和设施管理，大大提高了设计效率和施工精度，降低了建造成本。它还使建筑师能够在设计阶段优化建筑的能源性能，为实现更高的能效和更低的运营成本奠定基础。

绿色屋顶和立体绿化技术为城市生态和美观带来了显著改善。通过在建筑上添加植被，如垂直花园和生态墙，不仅增加了城市的绿色空间，还有助于改善城市微气候，提供更好的空气质量。这些技术还能帮助建筑减少热岛效应，增强城市的生态多样性。

智能玻璃和窗户技术通过调节透光率，有效地控制室内温度和光照强度，减少对空调和照明的依赖，从而降低能源消耗。这种技术的应用，特别是在商业建筑中，可以显著提高能源效率，降低运营成本。

被动式建筑设计能够有效利用自然资源，使得建筑的能效最大化。通过合理的建筑朝向、窗户设计和高效的隔热材料，被动式建筑能够最大限度地利用自然光和热量，减少对外部能源的依赖。

零能耗建筑（Net-zero Energy Buildings）代表了建筑能效的最高标准。通过集成高效能源使用和可再生能源技术，如太阳能板和风力发电，这些建筑旨在实现能源的自给自足，减少对外部能源的依赖。①

在材料方面，可持续材料的创新应用正在减少建筑行业对环境的影响。再生材料、竹材、再生塑料或生物基材料等的使用，正在逐步替代传统建筑材料，减少了对环境的负担。

绿色基础设施和雨水管理技术通过创建雨水花园、渗透性铺装等生态基础设施，有效地管理和利用雨水。这些措施不仅减少了城市洪涝风险，还改善了地下水质量。

智能家居和自动化系统的应用正在提高建筑的能效和居住者的舒适度。这些系统能够实现建筑环境的智能控制，如自动化温度调节、照明控制和安全监控。

这些新兴技术和创新实践不仅推动了建筑业的技术进步，还为实现更加绿色和可持续的建筑环境提供了强有力的支撑。随着这些技术的不断发展和完善，相信未来建筑行业将更加注重环境保护和可持续发展。

二、软技术在绿色建筑中的应用

在绿色建筑领域，技术的应用对于实现节能和环保目标至关重要。然而，需要注意的是，应采用产出投入比高的技术，而不是盲目地采用投入高的技术。在这一点上，软技术的重要性越发显著。软技术强调系统性的方法和创新，不是仅关注硬件设备的投入，而是更多关注建筑节能的方案、设计和模拟。下面将探讨软技术在绿色建筑中的关键作用，并介绍其核心应用软件。

（一）软技术的重要性

软技术在绿色建筑设计中的重要性无法被忽视，特别是在方案论证阶段。软技术在该领域的重要作用如下。

1.能耗模拟软件的应用

能耗模拟软件允许设计师在建筑物建造之前进行详尽的能耗分析。这

---

① 戚彬.智能建筑技术对城市能源效率的影响研究[J].城乡建设，2023（24）：48-49.

些软件可以模拟建筑在不同季节和气候条件下的能耗情况，包括供暖、通风、空调等，这有助于识别和改进设计中的潜在能源效率问题，确保建筑在运行时能够实现最佳的节能性能。

2.方案比较和优化

软技术使设计团队能够比较不同设计方案的性能，包括能源效率、室内环境质量和可持续性等方面，这有助于选择最佳的设计方案，以满足项目的可持续性目标。对方案进行优化还可以在减少资源浪费的同时降低建筑的运营成本。

3.预测性能和成本

软技术可以用于预测建筑的性能和成本，这包括能源成本、维护成本和运营成本的估算。这种预测性能分析可以帮助业主和设计团队做出明智的决策，以确保项目在长期内经济可行，并符合可持续性目标。

4.数据驱动的决策

软技术提供了大量数据，可用于指导设计和决策。通过实时监测和数据分析，建筑可以持续优化其性能，满足可持续性要求。软技术还有助于监测和评估建筑的环境影响，从而为设计改进提供有力的依据。

软技术在绿色建筑设计中的应用为项目提供了充分、严谨的方案论证，有助于确保建筑在设计、建造和运营阶段都能够实现最佳可持续性性能，同时降低成本和资源浪费。这对于推动可持续建筑实践和减少环境影响至关重要。

（二）软技术的设计

绿色建筑的核心在于其设计理念，而不仅仅是依赖昂贵的设备。在这一设计过程中，软技术的应用扮演了至关重要的角色。它们帮助设计师深入理解建筑的能耗特性，从而进行更为精细和高效的设计。

例如，建筑师可以利用模拟软件来分析和优化建筑的各个方面，如取暖、通风和照明系统。这些软件通过高级的计算和模拟，能够预测不同设计选择对能源效率的影响。因此，设计师可以在建筑的早期阶段就做出明智的决策，如通过合理的布局和材料选择来有效利用自然光，或者通过合理的空间规划来提高暖通系统的效率。

绿色建筑的设计还注重与环境的和谐共处。例如，考虑到当地的气候和环境特点，采用适合的建筑材料和结构，可以有效地减少对环境的负担，同时提高建筑的耐久性和舒适性。

精心的设计是实现绿色建筑目标的关键。运用软技术和综合考虑环境因素，不仅能够提高能源效率，还能创造出与自然环境和谐共存的美丽建筑。

（三）软技术的节能优势

在绿色建筑的实践中，即使对高效节能设备的投资巨大，没有有效的软技术支持，这些设备的潜力也难以充分发挥。软技术在这里扮演着关键角色，它确保建筑在实际运营中能够达到预定的节能标准。

软技术的应用包括对建筑系统进行持续的监控和优化。例如，通过智能控制系统实时监测能耗，自动调整暖通空调、照明和其他设施的运行状态，以确保能效最大化。软技术还可以用于分析建筑的使用模式，识别能源浪费的环节，并提出改进措施。

这一动态、实时的优化过程是实现长期节能目标的关键。与仅依赖静态硬件设施不同，软技术使建筑能够适应不断变化的环境条件和使用需求，从而持续降低能耗。这不仅有助于降低运营成本，还对环境保护产生积极影响。

软技术是绿色建筑实现节能目标的强大保障。它通过实时监控和智能优化，确保建筑系统始终以最高的能效运行，实现了绿色建筑节能的长期和可持续发展。

（四）软技术的应用流程

软技术在绿色建筑中的应用流程如下。

1.建筑能耗模拟软件

软技术的核心是建筑能耗模拟软件。国内外已经有许多成熟且易获取的建筑能耗模拟软件可供选择。它们可以模拟建筑在不同条件下的能源消耗情况，为设计和决策提供有力支持。

2. 方案论证

在建筑设计的早期阶段，建筑能耗模拟软件可以用于评估不同设计方案的节能潜力。设计团队可以通过模拟分析选择最佳的设计策略，包括建筑形状、材料选择、绝缘和通风系统等。

3. 设计优化

软技术还可以在建筑细节设计中发挥作用。模拟软件可以优化照明、采暖、通风和空调系统的设计，以实现最佳的节能效果。这包括使用智能控制系统，根据不同条件自动调整系统性能。

4. 运行监测与优化

软技术的应用不仅限于建筑设计阶段，还包括建筑的运行和维护。建筑能耗模拟软件可以持续监测建筑的能耗情况，识别潜在的节能机会，并提供优化建议。这有助于建筑持续保持高效能源利用率。

5. 改变传统设计流程

传统的建筑设计流程通常包括构想、总体设计、细节设计和建设等阶段。然而，绿色建筑的设计应该是一个更加综合性和协作性的过程。软技术的应用需要各方共同参与，包括开发商、业主、建筑使用者、其他专业工程师、政府建设部门、设备材料供应商和建筑工程师。这种跨领域的合作可以确保在建筑的各个阶段都充分考虑节能和环保因素，从而建设真正的绿色建筑。[①]

软技术在绿色建筑中具有关键作用。它不仅能够在建筑设计阶段提供充分的方案论证和设计优化，还可以在建筑运行阶段持续监测和优化能源利用。通过软技术的应用，人们可以更好地实现绿色建筑的节能目标，减少环境影响，同时降低运营成本，为可持续发展做出贡献。

---

① 张志昆.福建省绿色建筑评价体系与适宜技术分析[J].福建建设科技，2016（2）：44-46，67.

（五）软技术的成本效益分析

绿色建筑的成本效益分析是一个关键过程，用于评估绿色建筑措施在全生命周期内带来的经济和环境效益。这种分析对比了绿色建筑与传统建筑在各个阶段的成本和效益，从而为建筑业的可持续发展提供有价值的见解。

1.成本分析

（1）全生命周期成本。绿色建筑的生命周期成本涵盖了从概念设计到建筑拆除的整个过程。这包括前期的研究开发费用、建筑安装费用、运营维护费用以及最终的拆除费用。

（2）增量成本。相比于传统建筑，绿色建筑的增量成本包括额外的环保设计、材料、建设和维护费用。例如，使用高效节能设备、可持续建材或实施特殊的建筑设计可能会增加初始成本。

2.效益分析

（1）显性效益与隐性效益。显性效益可直接量化，如节能减排带来的直接经济效益。隐性效益则包括社会和环境效益，如提高室内空气质量对居民健康的积极影响。

（2）环境效益。绿色建筑的环境效益包括节能、节水、减少材料消耗和改善室内环境等。这些效益可以通过减少长期的能源和水资源消耗以及降低运维成本来实现。

3.成本效益评价方法

（1）净现值。净现值计算了绿色建筑措施实施后带来的净经济效益的现值。

（2）增量投资回收期。这个指标衡量了绿色建筑相对于传统建筑所需的额外投资在多长时间内可以通过节约成本来回收。

（3）增量内部收益率。内部收益率是评估项目投资吸引力的一个重要指标，它是使绿色建筑项目净现金流量的现值等于零的折现率。

（4）万元投资环境效益比。这个比率比较了每万元投资带来的环境效益，是衡量投资效率的一个重要指标。

4.影响因素分析

（1）价格波动。资源和能源价格的波动对绿色建筑的成本效益产生显著影响。

（2）折现率。折现率的选择影响长期投资的价值评估。

（3）非年度成本。在项目生命周期中发生的一次性或不规则成本会对总成本效益产生影响。

绿色建筑的成本效益分析不仅关注经济效益，还重视环境效益和社会效益的综合评价。虽然绿色建筑可能带来更高的初始投资，但通过节约能源、水资源和运维成本，绿色建筑长期来看依然能够带来显著的经济效益和环境效益。绿色建筑的推广和实施，是实现可持续发展、降低环境影响和提升居住舒适性的重要途径。

（六）用户体验案例分析

下面以华南地区某省会金融区多层公共建筑项目的绿色技术经济分析为例，从以下几个方面进行详细的探讨。

1.项目概况

地理位置：位于华南地区某金融区，临河，交通便利，生态环境优美。
规模：共6层，总建筑面积21511平方米。
投资与建成：总投资3574万元，建成于2019年9月。

2.绿色技术应用

自然通风技术：利用多空间组合式设计，如直通空间、内庭院等，减少能耗。

遮阳技术：依据太阳角度，采用百叶窗、花格配穿孔铝板等，结合铝合金窗框和特殊玻璃，提高遮阳效率。

自然采光技术：设计采光庭院、采光井和天窗，减少照明能耗。

绿化技术：2500平方米的多层次绿化面积，包括室外乡土植物和楼顶绿化。

可再生能源技术：太阳能光伏发电系统和太阳能热泵热水系统。

绿色建筑施工管理的理论与实践

水资源利用技术：雨水收集再利用系统，供景观绿化浇灌。

3. 增量成本分析

前期与技术增量成本：前期增量成本为 73.3 万元，技术增量成本为419.06 万元。

单方增量成本：约 240.51 元 / 平方米。

4. 增量效益分析

经济效益：包括年节电量为 1182821 千瓦时和年节水量 1400 立方米。

环境效益：减排 CO_2 约 1035.06 吨，生态固碳效益为 537.04 吨，货币化效益为 119243.9 元。

社会效益：商业出租空间带来的额外收入约 207.5 万元。

5. 成本效益综合评估

生命周期成本与效益：总间接增量成本为 98.3 万元，技术成本为419.06 万元，总经济效益为 5928 万元，环境效益为 596.22 万元。

回收期与内部收益率：须进一步分析以确定项目的经济可行性。

综合以上分析，该项目通过采用多种绿色技术，实现了显著的能耗降低和环境效益提升，同时带来了额外的经济收益。虽然绿色技术的应用带来了一定的增量成本，但长期来看，其节电、节水、减排以及社会效益可以覆盖这部分成本，实现了经济效益和社会效益的双赢。这表明，绿色建筑在可持续发展方面具有重要的价值和意义。

三、绿色建筑材料的选择

（一）使用绿色建材

绿色建材采用清洁生产技术，少用天然资源和能源，大量使用工业或城市固态废物。这些材料无毒害、无污染、无放射性，有利于环境保护和人体健康。[1]

---

[1] 张伦伟．绿色建材的发展与应用 [J]．江苏建材，2023（1）：19-20．

（二）使用可再生建材

可再生建材包括可持续木材、竹材、土材料和石材，可减少对环境的影响，支持生物多样性和水土保持。这类材料主要由回收的工业或城市固态废物加工而成，是可持续建筑的核心组成部分。这些材料不仅减少了对新资源的需求，还显著降低了建筑废弃物对环境的影响。

（三）使用新型环保建材

新型环保建材的创新包括但不限于生态混凝土、绿色隔热材料、自清洁表面材料等。这些材料在生产、使用、废弃和再生循环过程中与生态环境相协调，致力于实现最少资源和能源消耗，最小或无环境污染，最佳使用性能和最高循环再利用率等。[①] 例如，使用可回收或生物降解的材料、低碳排放的生产技术等，不仅降低了建筑的环境足迹，还提高了材料的生命周期价值。

四、绿色建筑的规划与设计

（一）建筑布局优化

建筑布局应最大限度地利用现场资源，减少建筑热损失和改善室内外环境质量。随着计算机技术的发展，建筑师能通过计算机建模模拟计算出建筑内外环境指标，优化设计。这种布局优化和技术应用展示了现代绿色建筑设计中对节能减排和提高居住舒适度的重视。通过最大限度地利用现场资源，建筑布局不仅考虑了自然光照和通风的最优配置，还特别关注了减少建筑的热损失，从而在冬季减少供暖需求，在夏季减少冷却需求。

（二）外围护结构设计

在外围护结构设计中，除了选用高效的隔热材料，还应考虑结构的整体性能。结构的设计应考虑到不同气候条件下的适应性，包括对温度变化、

---

① 吉利.浅谈绿色建材发展的重要性[J].中国建设信息，2009（13）：58-59.

湿度和风压的抵抗。进一步优化结构的设计,如合理布局窗户和门的位置,可以提高自然光的利用率,减少对人工照明的依赖。同时,建筑的形态设计应与其所处的环境相协调,以减少对周边环境的影响。

在材料的选择上,可以考虑使用更多种类的节能材料,如使用具有更好保温隔热性能的新型材料,包括绿色建材和可再生材料。这些不仅有助于节能,还有助于减少建筑对环境的负担。同时,建筑应用智能系统,如自动调节窗户的开闭,可以进一步提高能源效率。

(三)节能设计标准

建筑节能设计的标准包括围护结构的热工性能(外墙、屋顶、地面的传热系数等)和暖通空调系统的节能要求。评估方法包括硬技术(直接性能参数判断)和软技术(复杂计算证明能耗控制)。硬技术侧重于直接判断性能参数,软技术包括使用专用计算机模拟软件进行精细设计,进行热岛效应、建筑热工性能、风场、日照、光照、通风等的模拟分析。

在建筑物的规划与设计中,综合考虑节能、环保和可持续发展至关重要。优化建筑布局、外围护结构设计,并应用新能源和智能化技术,可以显著提升建筑的能效和居住工作环境的舒适度。这不仅涉及使用先进的材料和技术,还包括对建筑师和社会公众的生态意识教育,实施有效的政策和经济激励措施,以促进绿色建筑的发展。

在绿色建筑设计中,应充分考虑选址与环境的协调,利用当地自然条件,在建筑布局设计、细部设计、配套设施设计等多方面达到绿色设计标准。这些措施不仅使建筑舒适、健康、高效,还有助于实现建筑与自然的共生与和谐。[①]

绿色建筑的规划与设计是一个涵盖多方面的复杂过程,需要综合考虑技术、环境、社会和政策等多种因素。通过这样的综合考虑,建筑与环境能够和谐共生,促进社会的可持续发展。

---

① 王冰艳.浅析绿色建筑的设计方法及策略[J].中国新技术新产品,2011(22):194.

第二节 能效监测与管理

一、绿色建筑能源管理系统的结构设计

绿色建筑的节能运行管理是当下我国建筑行业的重要方向，我国在应对气候变化的全球行动中扮演着重要角色。

（一）绿色建筑能源管理系统

绿色建筑能源管理系统的核心在于高效收集和分析能耗数据，以优化设备运行策略和控制能耗，从而提高能源利用率并减少能源消耗。以华大基因中心的绿建展示系统为例，该系统结合了多种软件和硬件，集成环境监测系统和设备监控系统，实现对建筑能源耗费的全面管理。[①] 图 6-1 是绿色建筑能源管理系统，最关键的是统计分析环节，它通过对收集的数据进行对比和分析，为节能策略的制定提供支持，确保能源使用的最优化。这种绿色能源管理系统不仅能实时监控和分析能耗，还能根据数据分析制定出合理的能源控制策略，从而在降低能耗的同时，提高建筑的能源效率和环境友好性，是实现绿色建筑可持续发展的重要工具。

由图 6-1 不难看出，通过系统管理、设备管理、计费管理、监控管理和统计分析这五大模块，可以对整个系统进行全面的了解。该系统的核心是统计分析，数据的收集可为节能策略的制定提供依据。要想制定合理的能源控制策略，就需要对数据进行对比和分析，从而实现各项子系统的优化。

---

① 林佩仰.建筑能源管理系统及其在绿色建筑中的应用 [J].建筑电气，2012,31（7）：59-61.

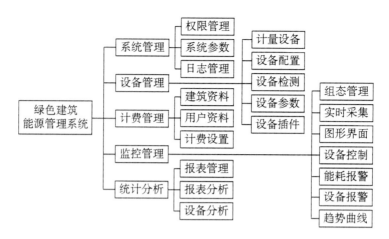

图 6-1　绿色建筑能源管理系统

（二）绿色建筑能源管理系统结构分析

绿色建筑能源管理系统的结构可以分为以下几个层次。

1.现场设备层

现场设备层主要由各种智能仪表组成，用于计量各类能源的装置设备。这些仪表包括水表、冷量表以及各种形式的电能表等。各种控制器构成了采集终端，通过总线连接的方式，安装分布式 I/O 控制器，将采集的各项建筑能耗数据上传至数据中心。

2.自动化数据处理执行层

自动化数据处理执行层是绿色建筑能源管理系统的核心部分。通过各种系统软件和硬件设备，对采集的各项能耗数据进行汇总、计算、分析，以图表、声音或数显等形式反映建筑的能耗情况。这一层的软件主要包括监测系统，硬件设备包括计算机、不间断电源（UPS）和打印机等。监控系统是数据的主要接口，可以实现数据的采集和转发，而打印机受监控系统的控制，可以自动打印图形报表。

3.网络通信层

数据信息的传递和交换需要借助网络通信设备，网络通信层充当数据交换的桥梁。主要设备包括以太网设备、通信管理机和总线网络。以太网设备采用工业级的以太网交换机，通信管理机由前置机、数据采集处理机和通信控制器等组成。通过光纤、无线通信设备和屏蔽双绞线等通信介质，网络通信层在系统中承担着上传下达的任务，将现场设备层采集的数据信息传输到数据处理层，同时将上位机传出的控制命令转达给现场的各个采集设备。[①]

4.中央管理层

中央管理层是人机交互的窗口。它通过对数据的综合分析，为决策者提供分析结果。系统操作人员可以通过系统传输能耗的修正指令至数据处理执行层，并对能耗指标进行进一步修改，从而实现对系统能耗的控制，降低绿色建筑的实际能耗水平。

（三）绿色建筑能源管理系统的主要特点

绿色建筑能源管理系统针对环境监测点数量大、监测系统布线复杂、监测点分布密集等特点而设计。通过运用先进的网络技术，该系统实现了对绿色建筑的能耗进行可视化管理，同时系统地分析并执行节能策略，有效降低了绿色建筑的能耗水平。绿色建筑能源管理系统的主要特点如下。

1.模块化管理

系统采用模块化管理结构，使系统的框架简单且易于管理各项能耗。这一特点使系统具备了良好的扩展性，可以根据客户需求灵活地扩展功能。模块化结构也增加了操作的灵活性。如果系统出现故障，可以通过增加或减少传感节点来进行维修，以确保系统正常运行。

2.应用网络技术

随着网络技术的不断进步和广泛应用，绿色建筑能源管理系统得以逐渐完善。通过引入网络技术，系统能够统一监测建筑的能耗和环境状况，采集和传输各项能耗数据，并通过多媒体显示方式向大众呈现能耗情况。用户还可以通过手机应用程序实时查看相关监测数据，提高了系统的便捷

---

① 林佩仰.建筑能源管理系统及其在绿色建筑中的应用[J].建筑电气，2012，31（7）：59-61.

性和互动性。

3.应用无线传感技术

环境监测系统的传感层主要采用无线传感技术,这一技术可以减少网络布线的复杂性。建立无线传感网络,无须对现有的现场设备进行改造。因此,环境监测系统和能耗管理系统的施工量相对较少,降低了建筑施工的投资成本,同时缩短了工程的施工周期,极大地促进了绿色建筑工程的建设进程。

4.可视化管理

绿色建筑能源管理系统实现了可视化管理。通过图表、声音和其他动态图像等形式展示各项数据指标,清晰呈现建筑环境和能耗分析结果,便于系统操作人员进行观察和操作。这种可视化方式有助于更直观地了解和控制绿色建筑的能耗情况。①

二、绿色建筑能源管理系统的应用

(一)建筑设备监控系统的应用

建筑设备监控系统在绿色建筑能源管理系统中扮演着重要角色。这个系统采用分布式智能控制,主要监控和管理建筑的公共区域设备,包括通风系统、中央空调系统、污水处理系统和给排水系统等。同时,该系统通过传感器传递数据,实现了对这些设备的可视化管理。②

建筑设备监控系统包括多种软件和硬件设备。软件部分包括控制层和管理层的各种软件,用于监控和管理设备的运行。硬件设备包括服务器、路由器、工作站、现场控制器和传感器等,用于数据采集和设备控制。

建筑设备监控系统的应用为绿色建筑的能源管理提供了关键支持,有助于提高能源效率和减少环境影响。

---

① 陈家军.绿色建筑能耗及其管理系统的应用 [J].科技与创新,2016(1):80-81.
② 同①

（二）智能照明控制系统的应用

智能照明控制系统在绿色建筑能源管理中发挥着重要作用。该系统主要监控公共场所的照明设备，旨在提高绿色建筑的节能效率。智能照明控制系统能够对电梯厅、走廊、大堂和地下停车场等区域的照明进行实时监控，并根据相应的条件设置，实现声控照明等节能策略，从而降低能源消耗。[①]

智能照明控制系统由多个组件构成，包括驱动控制模块、时钟模块、电源模块、服务器、网络通信设备以及智能控制面板等。这些组件共同协作，实现了对照明系统的智能控制和管理。

（三）多表综合计费系统的应用

多表综合计费系统主要用于对建筑内居民的用水和用电量等进行精确计量。该系统在用户系统的末端安装了网络电子水表、网络电表和超声波冷量表，通过对这些能耗数据进行集成和运算，经过综合处理后，计量设备会自动生成费用数据，因此用户能够直接查看费用结果，从而有效提高了用户的节能意识。

多表综合计费系统具备独立运行的能力，不仅能够使用现场设备层的计量装置，还可以通过监控室的管理服务对数据进行加工处理，生成相应的报表，实现自动计费。这个系统的应用不仅可以降低物业管理的成本，还能够显著提升物业管理的水平。

（四）建筑电力监控系统的应用

建筑电力监控系统在绿色建筑能源管理中具有重要地位。该系统由数据采集单元、通信管理机、通信网络、服务器、工作站以及各种应用软件组成，可以独立运行，最终与整个管理系统集成。其主要作用是监控绿色建筑内的各种电力设备，包括变压器、发电机组、高低压配电系统等。这

[①] 林佩仰.建筑能源管理系统及其在绿色建筑中的应用[J].建筑电气，2012，31（7）：59-61.

些设备直接关系到居民的正常用电，因此对其进行监控至关重要。^①

建筑电力监控系统具备多项功能，包括监测电力设备的状态、统计电力使用情况、输出相关报表、进行故障分析以及提前发出故障预警等。这些功能使得系统能够自动控制电力设备的运行，提高了电力管理的效率和可靠性。

三、绿色建筑施工中的节能措施

（一）制定合理的施工能耗指标

在施工前，应根据工程特点制定合理的施工能耗定额。这包括制定生产能耗和生活办公能耗的定额，并建立相应的计量管理机制。不同类型的工程可能涉及不同的能耗，如电能和油耗。对于大型工程，应分别制定不同单项工程、不同标段、不同施工阶段和不同分包生活区的能耗定额，并采取不同的计量管理机制。在进场教育和技术交底时，应明确能耗定额指标，并在施工过程中进行计量考核。

1.专项重点能耗考核

在建筑施工中，特别是对于大型施工机械如塔式起重机、施工电梯等，实施专项重点能耗考核非常重要。为了有效管理和控制这些机械的能源消耗，应单独安装电表进行精确的能耗计量。制定并执行相关的能耗管理制度和监督机制是非常有必要的。这些措施将有助于追踪这些机械的能耗情况，确保能源使用的效率和合理性。这种方式可以更有效地控制建筑项目的整体能耗，促进节能减排的实现。同时，这有助于提升建筑行业的能效管理水平和环保意识，对推动绿色建筑的发展产生积极影响。

2.优化施工流程和设备选择

在施工过程中，优化施工流程和合理选择施工设备是关键措施，能够降低能源消耗和提高效率。首先，应重视施工过程的规划和管理，避免不

---

① 陈家军.绿色建筑能耗及其管理系统的应用 [J].科技与创新, 2016（1）: 80-81.

必要的操作和延误，从而减少能源浪费。选择高效的施工设备和机械，特别是那些符合最新节能环保标准的设备，可以显著降低能耗。其次，要保证所有设备的定期维护和保养，以确保它们处于最佳工作状态，这对于维持设备的高效运行至关重要。最后，应考虑采用先进的建筑技术，如预制建筑部件，进一步减少现场施工时间和能耗。

3.合理安排施工时间

在建筑施工中，合理安排施工时间是降低能耗的重要策略之一。首先，应制订周密的施工计划，以避免在电力和其他资源的高峰消耗时段进行能耗密集型的工作。例如，调整施工时间以避开一天中的高峰用电时段，可以有效减少能源成本和环境影响。其次，应积极利用节能的施工材料和技术，如高效的隔热材料和节能照明系统，这不仅能降低施工期间的能耗，还有助于提升施工现场的整体环境质量。合理安排工作流程，确保施工活动的连续性和效率，可以减少设备的空转时间和不必要的能源消耗。

4.培训和教育

在绿色建筑和节能建筑项目中，对施工人员进行专业的培训和教育是至关重要的。首先，应定期组织针对所有施工人员的节能意识培训，强调节能减排的重要性，并传授相关的技能和知识。这包括教授施工人员如何有效使用能源和资源以及如何在日常施工中使节能实践达到最佳。其次，应鼓励施工团队采用可再生能源和环保材料，在项目中应用绿色技术和方法。例如，可以介绍太阳能发电、风能利用、雨水回收和使用绿色建筑材料的优势和实践方法。通过鼓励创新和采纳新技术，不断提高施工过程中的能效和环保水平。这样的培训和教育不仅有助于提高施工人员的专业技能，还能培养他们对环境保护的责任感，对推动整个建筑行业的可持续发展产生积极影响。

（二）选用施工设备和机具

第一，绿色建筑施工项目应坚决禁止使用国家、行业和地方政府明令淘汰的施工设备、机具和产品。这些设备通常不仅能耗高，还会对环境产

生负面影响。^①

第二，应优先考虑并推荐使用节能设备，这些设备能够有效降低能源消耗。例如，选择高效的施工机械和设备以及符合节能标准的照明和供暖系统。

第三，要选择高效的施工机具，如高效挖掘机、高效混凝土搅拌机等，以提高施工效率并减少资源浪费。

第四，应使用符合环保标准的建筑材料和产品，如低挥发性涂料、可再生材料等，以降低室内空气污染和资源消耗。^②

（三）施工现场的用电控制和监测

在施工现场，需要制定用电控制指标，以确保能源的有效利用和节能。具体做法如下。

第一，分区设定用电控制指标，将施工现场分为生产区、生活区、办公区和施工设备区，分别设定用电控制指标。这有助于更精确地监测和控制不同区域的能源消耗。

第二，电表安装和用电统计。在不同区域安装电表，用于用电统计。对于大型耗电设备，应实行一机一表的单独用电计量，以确保精确的数据记录。^③

第三，定期对电表进行读数，并进行计量、核算和对比分析。将实际用电数据与设定的用电控制指标进行比较，发现任何偏差都要及时修正。

第四，如果发现与目标值偏差较大或单块电表发生数据突变，应进行专题分析。根据分析结果，采取必要的纠正措施，以确保用电控制在合理范围内。

---

① 石南.中建八局项目部绿色施工管理体系研究[D].沈阳：沈阳建筑大学，2018.

② 胡家萍.装配式建筑系统集成技术与设计方法[J].科技创新与应用，2023，13（18）：193-196.

③ 林佩仰.建筑能源管理系统及其在绿色建筑中的应用[J].建筑电气，2012，31（7）：59-61.

（四）施工机具的能效优化措施

在施工组织设计中，合理安排施工顺序和工作面，以减少机具数量和优化施工机具的使用是绿色建筑施工中的重要措施。详细的优化设计建议如下。

第一，在编制施工方案时，应优先考虑采用能耗较低的施工工艺。例如，在进行钢筋连接施工时，可以尽量采用机械连接代替焊接连接，以减少焊接所需的能源消耗。

第二，在设备选型时，应充分了解设备的使用功率需求。避免选择额定功率远大于实际使用功率的设备，以减少能源浪费和运行成本。同时，应确保设备在正常工作范围内使用，避免超负荷运行。

第三，在施工组织设计中，应科学安排施工顺序和工作面。例如，考虑施工机具的使用频次、进场时间、安装位置以及使用时间等因素，以最大限度减少施工现场机械的数量和占用时间；避免不必要的机具重复进出施工现场，从而减少能源消耗和机具磨损。

第四，相邻作业区域应充分利用共有的机具资源。这可以通过合理的施工计划和工程协调来实现，应避免每个作业区域都拥有独立的机具，而是共享一些必要的设备，从而减少机具的数量和能源消耗。

（五）可再生能源的施工利用

利用可再生能源如太阳能和地热是在绿色建筑施工中实施的重要节能措施。相关建议如下。

1.充分利用太阳能

根据当地气候条件，在施工工序和时间的安排上，尽量避免夜间施工，以充分利用白天的太阳光照。在建筑设计中，考虑朝向、开窗位置和面积等因素，以最大限度地利用自然光照，减少对电照明的依赖。可以考虑安装太阳能光伏板，将太阳能转化为电能供施工现场使用。

2.太阳能热水器

如果条件允许，可以配备太阳能热水器，将太阳能用于供应施工现场的热水需求。太阳能热水器是可多次使用的节能设备，可以在施工过程中降低热水加热所需的电能消耗。

3.地热能利用

考虑利用地热能源来供暖或制冷施工现场。地热能是一种清洁而稳定的能源，可以在冬季供暖、夏季制冷，降低能源消耗。

通过充分利用太阳能、地热能和其他可再生能源，绿色建筑施工可以减少对传统能源的依赖，降低能源成本，同时减少对环境的负面影响。这些措施不仅在施工期间有利于节能，还有助于提高建筑的可持续性和环保性。

（六）机械设备与机具

1.建立施工机械设备管理制度

（1）机械设备档案。所有进入施工现场的机械设备都应建立档案，包括设备名称、型号、进场时间、年检要求等信息。这有助于跟踪设备的状态和维护需求。

（2）机长负责制。对于大型机械设备，应实行机长负责制，确保设备的安全操作和维护。

（3）操作人员资质。机械设备操作人员应持有相应的上岗证，并接受绿色施工专项培训，具备责任心和绿色施工意识，注重节能。

（4）维护保养制度。建立机械设备维护保养管理制度，包括年检台账和保养记录台账等，确保设备的正常运行和维护管理。

（5）用电和用油计量。对于大型设备，应单独进行用电和用油计量，并及时收集数据进行分析和纠正。

2.机械设备的选择和使用

（1）功率匹配。选择功率与负载相匹配的机械设备，避免大功率设备低负载长时间运行。

（2）节电型设备。可以考虑使用节电型机械设备，如逆变式电焊机和能耗低、效率高的手持电动工具等，以减少能源消耗。

（3）油料添加剂。使用节能型油料添加剂，考虑回收和再利用油料，以降低油耗。

3.合理安排工序

（1）制定科学的施工工序。根据当地情况、公司技术装备能力和设备配置情况，确定科学的施工工序，以满足生产要求，提高设备使用率和满载率，降低单位能耗。

（2）机械设备优化。在施工组织设计中，结合科学的施工工序，采用科学的方法进行机械设备的优化，包括确定设备功率和进出场时间。在实施过程中，应严格执行这些优化措施。

（七）生产、生活及办公临时设施的节能

1.合理设计临时设施

（1）利用场地自然条件，合理设计生产、生活及办公临时设施的体形、朝向、间距和窗墙面积比，确保设施获得良好的日照、通风和采光。[①] 根据需要，在外墙窗户上安装遮阳设施，以降低夏季的日照热量。

（2）选择体积较大、体形较简单的建筑形状，以降低体形系数，这对节能有利。南北朝向比东西朝向更有利于节能，因为太阳光一般都偏南。

2.采用节能材料

选择临时设施宜采用节能材料，包括墙体和屋面，使用隔热性能好的材料，这可以帮助减少夏季空调设备的使用时间和能耗；选择热工性能达标的复合墙体和屋面板，可在顶棚上进行吊顶设计，提高隔热性能。

3.合理配置采暖、空调、风扇等设备

（1）在临时设施中合理配置采暖、空调、风扇等设备，并确保有相关制度来保证它们的合理使用，以节约电能。

（2）制定相关规定，包括空调使用温度限制、分段分时使用、按户计

---

① 孙慧.简谈施工现场可重复使用的临时设施管理[J].大众标准化，2021（3）：202-204.

量、定额使用等，以确保设备的节能运行。

（八）施工用电及照明

在施工过程中，应采取以下节能措施，以实现施工用电和照明的节能。

（1）选用节能电线和灯具，优先选择节能电线和灯具，以降低电能损耗。采用声控、光控等节能照明灯具，以减少不必要的能耗。

（2）对电线选材要求合理，确保选用截面适当的电线和电缆。

（3）合理设计电线路和布置，对临时用电线路进行合理设计和布置，确保就近供电，减少电能传输损耗。采用自动控制装置，提高电能利用效率。

（4）制定管理制度，对临时用电线路进行管理、维护和用电控制，以降低电能浪费。

（5）根据施工总进度计划，尽量减少夜间施工，避免不必要的夜间照明能耗。夜间施工完成后，关闭施工区域内大部分照明设施，仅保留必要和低功率的照明设备。

（6）采用节能灯具来实现生活和办公区域的照明。规定生活区在夜间特定时间关灯并切断供电。

（7）利用自然光源来照明办公室，白天尽可能减少人工照明的使用。养成随手关灯的习惯，确保下班时关闭办公室内所有用电设备。

第七章　水资源管理与保护

第一节 节约水资源

一、绿色建筑中的节水措施

绿色建筑的理念远远超越了简单的绿化和植被覆盖,它代表着一种对建筑与周围环境和谐共存以及可持续发展的承诺。在这一理念下,节约水资源成了至关重要的一环,而节水措施主要分为两大类:使用替代水源和提高用水效率。

(一)使用替代水源

替代水源包括雨水、中水、冷凝水等。其中,雨水和中水是应用较广泛的替代水源。

1.雨水利用

雨水被广泛收集和利用,得到了国际绿色建筑认证系统(LEED)的高度认可。LEED标准将雨水收集利用纳入评价体系,并分配了相应的分数。雨水利用主要包括调蓄排放、地面雨水入渗、回收利用屋顶雨水。这不仅直接补充了非饮用水资源,还有助于保护自然水系,改善生态环境。

2.中水利用

中水源自建筑生活排水,包括冷却排水、沐浴排水、盥洗排水、洗衣排水等。这些废水在经过处理后,可以满足规定的水质标准,成为可再利用的中水。在我国,中水利用在一些大城市已得到广泛应用,可以有效减轻城市供水压力,特别是在水资源紧缺的内陆城市。

然而,替代水源的应用受到了成本的限制。引入这些系统需要投入较高的费用,包括设备的安装和维护成本。对于没有市政中水的城市来说,这一限制尤为明显。因此,替代水源的普及程度受到了一定的制约。

（二）提高用水效率

1.高效节水器具

市场上的高效节水器具种类繁多，如自动感应水龙头、曝气水龙头、节流喷头、改进型低/高位冲洗水箱及免冲式小便器等，旨在在不延长用水时间的前提下显著降低水流量，从而提高用水效率。[1] 这些节水产品主要分为两大类：一类通过技术手段如分流控制来调节水量，以达到节水效果；另一类则利用感应装置自动调控用水，实现节水目的。这些器具的应用不仅促进了水资源的有效节约，还为环境保护做出了贡献。

2.节水便器和水龙头

在住宅建筑和公共建筑的生活用水中，便器冲洗水量通常占全天用水量的 30% ～ 40%，因此成为建筑节水的关键区域。市场上出现了延时自闭冲洗阀式便器和自动感应冲洗便器，它们可以显著提高节水效率，节省约 12% 的水量。

水龙头在建筑中广泛分布，是使用较频繁的水配送装置，也是较容易浪费水的部分。采用自闭式水龙头、感应式水龙头等高效器具可以将用水效率提高 15% ～ 20%。

提高用水效率是绿色建筑中不可或缺的一部分。通过采用高效的节水器具和设备，建筑可以在不降低用水质量的前提下，实现更为经济和可持续的用水管理。

3.建筑中的节水器具

在学校建筑和酒店建筑中，淋浴喷头是使用频率较高、耗水量较大的用水器具之一。然而，淋浴的传统供水方式存在一些浪费问题。双管供水方式难以调节，导致不必要的水流浪费。但采用单管恒温供水，可以有效减少水的浪费，节水效果可达 10% ～ 15%。另外，采用踏板阀，实现了人离水即停，节水效率可达 15% ～ 20%。在学校公共浴室中，采用智能集成

---

[1] 刘晖.基于"AHP+熵权法"的A绿色办公楼技术经济效果评价研究[D].南昌：南昌大学，2019.

电路卡（IC）控制系统，甚至可以实现超过 30% 的节水。

尽管这些节水器具和系统在理论上能够显著减少用水量，但实际中仍然存在一些问题。由于水龙头、喷淋头、坐便器等器具的日常使用频率极高，因此容易出现故障，需要专业维修人员进行修复。修复的时间和成本都不稳定，给用户带来了使用上的不便。

建筑节水还需要采取一系列其他措施，如合理限定配水点的水压、采用优质的管材以防止漏水和滴漏现象。无论是使用替代水源还是采用高效的用水器具和管材，都是建筑生态水系统的重要补偿方式。

二、节水与水资源利用

建筑领域的从业者应积极参与节水工作，通过在建筑设计中引入节水设备和技术，如高效节水器具和系统，减少建筑用水量。同时，可以为社会提供节水意识教育，鼓励居民在日常生活中采取节水措施，如修复漏水、合理使用水资源等。这样一来，每个人都可以为缓解全国水资源紧缺问题贡献一份力量，共同建设可持续的水资源管理体系。

（一）采用先进的节水施工工艺

在建筑施工领域，采用先进的节水施工工艺不仅能显著降低水资源的消耗，还能促进环保和可持续发展的理念。例如，在混凝土的养护过程中，传统的浇水方式常常会造成大量水资源的浪费。为了解决这一问题，可以采用覆盖特制薄膜的方法来维持混凝土的湿度，不仅能有效减少水的使用，还能保证混凝土养护的质量。在处理竖向结构时，使用养护液进行刷涂，同样能达到节约用水的效果，同时避免了传统浇水养护可能带来的不均匀养护问题。此外，针对施工过程中的管道系统，实施精细化的打压调试策略，如从高层到低层、分段进行打压，不仅提高了工作效率，还能通过循环利用管道内的水，极大地减少了施工过程中的水资源浪费。

（二）施工现场供、排水系统合理适用

在施工现场，高效合理的供排水系统设计至关重要。供水系统应遵循

最短距离和最优布局原则，设置多个供水点并形成供水环路，以确保畅通、安全的水源供应，特别是在用水高峰期。排水系统的规划应预防积水和泥泞，保持现场干燥，保障施工安全。同时，必须实施管网定期检查和维护措施，确保无渗漏，防止污水雨水混合，符合环保标准。建立严格的监督和管理机制，对所有用水设施进行质量控制，可有效减少水资源浪费，提高供排水效率，确保施工项目顺利进行，同时体现出环保和资源节约的理念。

（三）制定用水定额

在工程项目启动之初，根据项目的具体特点和需求，精细制定用水定额是节约用水和提高水资源利用效率的关键步骤。这一过程涉及将用水需求分为生产用水和生活办公用水两大类，并为每一类设定合理的用水量标准。为了实现这一目标，建立一套全面的计量管理机制至关重要，要确保用水量的精确监控和管理。对于规模较大的工程项目，需要进一步细化用水定额的制定，包括为不同的单项工程、各个标段、施工阶段以及各分包商的生活区分别设立定额标准。实施差异化的计量管理策略，可以更有效地监控和控制用水情况。

将用水定额指标作为工程合同的一部分，不仅有助于明确各方在用水管理方面的责任和义务，还能通过合同执行过程中的计量和考核，确保用水定额得到有效执行，从而实现资源节约和环境保护的目标。

（四）建立雨水、废水收集利用系统

对于较大的施工场地，可以考虑建立雨水收集系统，将回收的雨水用于绿化灌溉、机具车辆清洗等用途。透水混凝土地面的使用可以让雨水直接渗透到地下滞水层，以补充地下水资源。对于机具、设备和车辆的冲洗水，应建立循环用水装置，以实现多次循环利用。

这些高效的节水措施和水资源合理利用方法不仅有助于缓解我国水资源问题，还有助于减少浪费和污染。建筑行业应积极参与水资源管理，推动节水意识的普及，共同努力实现节水目标。

三、非传统水源的利用

非传统水源是指不同于传统地表水供水和地下水供水的水源，包括再生水、雨水、海水等。在建筑施工中，合理利用这些非传统水源可以降低对传统水源的依赖，实现可持续用水。①

（一）基坑降水利用

在建筑施工中，基坑降水是一个常见的步骤，但为了减少对环境的影响，应优先采取封闭降水措施，尽量减少地下水的抽取量。如果不可避免地需要进行基坑降水，建议设立专门的基坑降水储存装置，收集和储存基坑水以供后续利用。这些基坑水可以用于多种用途，如绿化浇灌、道路清洁、机具设备的清洗等，甚至可以用于混凝土的养护过程，以及作为部分生活用水。这种做法不仅有助于节约水资源，还可以减少建筑施工对周围环境的影响，是一种环保且高效的资源利用方式。通过这样的措施，建筑项目能更好地适应绿色建筑和可持续发展的要求，同时展现了对自然资源的尊重和负责任的态度。

（二）雨水收集利用

在施工现场，尤其在面积广阔且年降雨量较大的地区，实施雨水回收利用系统是一个高效节水和环保的选择。收集的雨水可以广泛应用于洗衣、洗车、冲洗厕所、绿化浇灌及道路清洁等多项日常需求，有效减少对传统水资源的依赖。此外，采用透水地面设计，可直接促进雨水渗透补充地下水，增强地区水循环和水资源的可持续性。

将雨水收集与废水回收系统整合，可以构建一个更为高效的水资源管理系统，从而有效利用每一滴水资源。然而，在设计雨水收集系统时，必须考虑到蒸发对水量的影响。为了减少蒸发损失，收集系统应尽可能设置于室内或地下。若需设置在室外，应采用覆盖物保护，以确保收集到的雨

---

① 吕石磊，曾捷，李建琳，等. 2014版《绿色建筑评价标准》水专业内容的修订要点 [J].
给水排水，2014，50（12）：67-72.

水得到有效保存和利用。上述措施不仅可以提高水资源利用效率，还能为施工现场的可持续发展做出贡献。

（三）施工过程水回收

在建筑施工中，建立过程水回收系统，如机具、设备和车辆的冲洗水循环使用装置，可实现水资源的有效循环利用，显著减少水资源浪费。此外，施工过程中产生的混凝土养护和搅拌机冲洗水等，也应通过回收系统收集，这些回收水可用于现场降尘等，进一步减少新鲜水资源的需求。这种对非传统水源的回收与利用，不仅缓解了对传统水资源的压力，还促进了水资源的可持续利用，体现了环保和资源节约的理念。通过这些措施，施工现场能够实现更高效的水资源管理。

四、安全用水

安全用水应注意以下三个方面。

第一，水质要求。当利用非传统水源时，特别是基坑降水、雨水和施工过程水时，必须考虑水质问题。在使用前，应进行必要的水质检测，确保水质符合使用要求。通常情况下，这些回收水不应用于生活饮用水，不同用途的回收水，需要满足不同的水质标准。例如，用于机具、设备清洗的回收水可以具有较低的水质标准，而用于绿化浇灌的回收水可能需要更高的水质标准，以确保植物的健康生长。

第二，卫生措施。为确保水质安全和卫生，应采取适当的卫生措施，包括定期清洁和维护水质检测设备，避免污染源接触水源，采取必要的消毒措施，等等。在使用过程中应建立监测和报告机制，及时发现和解决水质问题。

第三，处理不能再次利用的现场污水。对于不能再次利用的现场污水，必须经过必要的处理，以确保其符合排放标准。这包括对污水进行适当的处理和净化，以降低对环境的影响。只有在经过检验并满足排放标准后，才能将污水排入市政管道或其他合适的排放系统中。

五、建筑节水与气候变化

当今时代，建筑节水与气候变化之间存在着密切而复杂的联系。随着气候变化的加剧，全球水资源面临着前所未有的挑战。气候变化导致的极端天气事件，如洪涝和干旱的频发，不仅影响着地表径流和水文循环，还对水资源的质量和可获得性产生了深远的影响。在这样的背景下，建筑节水成了缓解水资源紧张状况和应对气候变化的关键策略之一。

建筑节水措施有助于减轻气候变化带来的水资源压力。通过采用高效节水器具和优化水资源管理系统，建筑可以降低对传统水资源的依赖，提高用水效率。例如，采用自动感应水龙头、节流喷头、改进型低位冲洗水箱等，不仅在建筑内部减少了水的使用，还能减轻整个水资源系统的负担。

建筑节水同样关注替代水源的利用，如雨水收集和再生水利用。这些方法能够显著减少建筑对传统水源的需求，同时帮助缓解由于气候变化引发的水资源分配不均的问题。例如，雨水的有效收集和使用，不仅能为建筑提供必要的水源，还有助于减少城市洪涝的风险，这对于应对气候变化引发的极端降雨事件尤为重要。

建筑节水可以通过绿色建筑设计实现。绿色建筑强调与自然环境的和谐共生，如通过绿化屋顶、渗水地面等设计，有效地增加水的蓄留和渗透，减少地表径流，这对于保护和改善城市水文环境具有重要意义。在气候变化带来的水循环快速变化的背景下，这种设计思路为可持续城市水管理提供了新的视角。

第二节　中水回用与雨水管理

一、绿色建筑中的中水与雨水综合管理

绿色建筑作为可持续发展的重要组成部分，强调水资源的循环利用和

雨水及中水的处理回用，旨在提高水环境系统的综合效率，降低能耗，实现零废弃、零污染，构建生态平衡的建筑环境。

城市扩张不可避免地增加了不透水地面面积，提高了地表雨水径流系数和径流量，导致雨水大量流失并增加排水系统的建设规模和投资。同时，地下水由于雨水渗透量的减少而得不到充分涵养，对城市生态环境产生不利影响。因此，世界各国开始重视城市建筑中雨水的收集、渗透和利用技术的开发使用。

（一）雨水的水质

天然降雨的污染指标浓度较低，水质基本良好。初期雨水污染主要为有机污染和悬浮固体污染，而随着降雨历时延长，悬浮物、化学需氧量（Chemical Oxygen Demand, COD）、氨氮、总磷等浓度逐渐降低，降雨后期 COD 趋于稳定，水质较好。因此，雨水的收集利用应考虑舍弃初期雨水径流，以减少对处理设施的影响。设置初期弃流设施可以达到此目的。屋顶雨水经过初期径流消除后可以直接使用，人行道雨水可以流入道旁绿地，机动车道雨水经处理后方可使用。

（二）雨水收集系统

雨水收集涵盖了屋面雨水、广场雨水、绿地雨水和污染较轻的路面雨水等。屋面雨水收集方式根据雨水管道位置分为外收集系统和内收集系统。外收集系统由檐沟、收集管、水落管、连接管组成，而内收集系统则是在建筑内部设有雨水管道的系统。[①]

通过这些措施，绿色建筑不仅能有效减少对地下水和自来水的需求，还能减轻城市排水系统的负担，降低洪涝风险，同时提供额外的水资源，有助于保护地球上有限的水资源，为未来的世代提供更可持续的生活环境。

---

① 侯立柱，丁跃元，张书函，等.北京市中德合作城市雨洪利用理念及实践[J].北京水利，2004（4）：31-33.

二、中水处理和回用在绿色建筑中的应用

（一）中水和中水回用

中水是介于生活给水和排水之间的杂用水，中水原水包括未经处理的污水和废水，如冷却水、沐浴排水、洗衣排水、厨房排水、厕所排水和雨水。

中水回用在选择水源时，应优先考虑污染程度较低的水，以降低处理成本。中水的水质应符合卫生和安全标准，中水中应无有害物质，且不应产生不良感观或对管道设备造成腐蚀和结垢。[①]

中水处理和回用是绿色建筑中重要的水资源管理方式，涉及将建筑中的生活污水、冷却水等通过各种技术处理后回用于建筑内部，有效减少水资源的浪费。

（二）绿色建筑中水处理的工艺

物化处理：适用于优质杂排水，主要流程包括预处理、混凝气浮、后处理。这一工艺特别适用于水量变化大或间歇性使用的场所。

生物处理和物化处理相结合：适用于生活污水或优质杂排水，包括预处理、生物处理、物化处理和后处理。这一工艺稳定可靠，运行费用低，适合住宅和公共建筑。

膜生物反应器（Membrane Bioreactor, MBR）工艺：适用于生活污水或优质杂排水，流程包括预处理、MBR 处理和后处理。MBR 工艺占地少、出水水质稳定，但投资和运行费用较高。

建筑中的供排水系统应实行分质管理。供水系统包括两条管道：一条为输送饮用水和自来水的管道，主要用于洗涤等；另一条为中水管道，输送经过处理的中水，用于环境清洗和冲厕等。排水系统也应分为生活杂排水管道和粪便污水管道，分别处理。

中水处理和回用技术在绿色建筑中的应用前景广阔，能有效提高水资源的利用效率，减轻对自然水资源的依赖，同时符合可持续发展的理念。

---

① 李春阳.住宅小区内建筑中水回用的水量和水质分析[J].才智，2010（4）：30.

随着技术的进步和成本的降低，中水回用将在更多建筑中得到应用。[①]

三、中水回用在绿色建筑中应用的挑战与创新对策

（一）改造现有住宅的智能化技术

如何在尽量不改变原有住宅结构的前提下，实现节水、节能、节地和污染治理，是一个技术和经济上的挑战。需要寻找既经济又高效的技术路线来解决这一问题。随着物联网和智能建筑技术的发展，可以通过智能水表和传感器监控水的使用情况，减少对建筑结构的改动。例如，使用人工智能优化的水处理系统可以根据实时数据调整处理策略，以提高水资源的利用效率。

（二）高效中水处理技术

中水处理技术的核心在于确保水质安全和处理效率。由于中水系统的水质受到各种排水的复杂影响，具有较大的变化性，因此采用高效的技术处理后的水质必须达到甚至超过国家和地区的标准。近年来，纳米过滤和反渗透技术的进步显著提高了中水处理的效率和安全性。特别是新型材料，如石墨烯基过滤膜的应用，极大地增强了去除水中污染物的能力，从而确保中水的质量达到更高标准。这些技术的应用不仅提高了中水处理的效果，还为中水回用提供了更加坚实的技术支撑。

（三）独立系统与标识的数字化管理

为避免中水与饮用水混淆，中水供水系统必须独立设置，并在管道及设施上进行明显标识。利用数字化工具对中水管道进行标识和监控，不仅可以减少误用风险，还能提高系统的效率和安全性。进一步地，运用区块链技术可以确保水质数据的透明度和可追溯性，从而增强用户对中水系统的信任。这种数字化管理不仅提高了中水系统的操作效率，还为中水的质量

---

① 邓夏茵.住宅小区中水回用系统现状及存在的问题 [J].城市建设理论研究（电子版），
　2023（12）：73-76.

和安全提供了额外的保障，是推动中水系统普及和可持续发展的重要一环。

（四）地区性解决方案与数据驱动的决策

建筑中水系统的应用应考虑本地的实际情况，包括水源的水质和中水的使用目的，从而选择合适的处理工艺。同时，需要研制开发高效、适用的中水处理系统，以提高技术的经济和社会效益。可以通过大数据和人工智能分析本地水质和使用模式，定制化设计中水处理方案。例如，基于气候模式和居民用水习惯的数据分析，为不同区域提供量身定制的中水回用方案。

四、雨水及中水回用的技术使用前景

（一）物联网技术的应用

物联网①（Internet of Things, IoT）技术通过更加先进和细致的数据收集与处理，极大地提升了水资源管理的效率和精确度。传感器和远程监控设备能够实时收集关于中水和雨水系统的详细数据，包括水质指标（如 pH、化学需氧量、溶解氧含量等）、水量、流速和温度等信息。这些数据不仅限于量化参数，还能提供关于水源质量和处理效果的实时反馈。

通过物联网技术，这些数据被实时传输到中央控制系统，实现了对整个水处理和利用过程的实时监控。这些数据可以被用来自动调整水泵的工作状态、开闭水阀和调节水处理设施的运行，以适应实际的水需求和水质变化。物联网平台还可以集成来自气象站的天气预报数据，优化雨水收集和存储的策略，特别是在极端天气事件期间。

利用物联网技术，可以实现对中水和雨水系统的精细化管理，不仅提高了系统的反应速度和灵活性，还大幅度提升了水资源管理的整体效能。未来，随着物联网技术的进一步发展和成本的降低，其在智能化水资源管理中的应用将更加广泛和深入。

---

① 物联网是一个广泛的概念，指的是将任何设备（如智能手机、传感器、家电等）通过互联网连接起来的网络。这些设备能够收集和交换数据，从而实现智能化控制、自动化和数据分析等功能。

（二）数据分析与预测模型

数据分析与预测模型的应用正在革新中水与雨水管理的领域。结合人工智能和机器学习技术，水资源管理系统不仅能够处理实时数据，还能够从这些数据中学习和识别模式，进而预测未来的水需求和供给趋势。

这种智能化分析工具可以深入解读收集到的大量数据，如水的使用频率、消耗量、季节性变化等。机器学习算法能够从这些历史数据中识别出特定的消费模式和趋势，预测未来不同时间段甚至不同天气条件下的水需求。

这些预测模型能够为中水和雨水的收集、存储和分配计划提供指导，实现更高效的水资源管理。例如，在预测到干旱期或高需求期时，系统可以提前调整储水策略，确保充足的水供应；反之，在预测到雨水充足的时期时，系统可以减少中水的处理量，以节省能源和成本。

数据分析和预测模型可以帮助识别系统中的潜在问题，如异常的水使用模式可能预示着泄漏或其他问题的存在。及时识别和解决这些问题，可以进一步提高系统的效率和可靠性。

数据分析与预测模型的应用不仅提高了资源利用的效率，还增强了系统应对未来挑战的能力，是推动水资源智能化管理的关键技术之一。

（三）自动化控制系统

自动化控制系统是中水与雨水管理智能化的核心，它依据数据分析和预测模型的结果，实现水泵运行、水库开闭等操作的自动化调整。这种系统能够根据实时和预测数据，如水位、水需求、天气变化等，智能调整设施运行状态，确保水资源的高效利用。例如，在雨水丰富期自动增加储水量，而在干旱期则优化中水循环利用。自动化系统还可以在检测到系统异常时迅速响应，如自动关闭泄漏的管道，以防止水资源浪费。这种高度智能化的管理方式不仅提高了水资源利用的效率和可靠性，还显著降低了人工干预的需求，是现代水资源管理不可或缺的一部分。

（四）智能水质监测

智能水质监测是中水与雨水管理系统中的关键组成部分。通过部署高精度的传感器和先进的分析设备，这些系统能够对中水和雨水的水质进行实时监控，包括监测各种化学物质、微生物含量、浊度等关键指标。这种监测方式能够快速准确地识别水质问题，如污染物超标或水质突然变化。

一旦检测到水质异常，智能水质监测系统能够立即触发警报，并启动必要的处理程序。这不仅包括自动调整水处理设施的运行，还可能包括关闭受影响部分的水源，以防止问题扩散。这些系统还能提供详细的水质报告，帮助管理者更好地了解整个系统的水质状态，并做出相应的调整和优化决策。

智能水质监测系统的应用，大大提高了中水和雨水利用的安全性和可靠性，确保供水系统的水质符合健康和环境标准。

（五）集成化管理平台

集成化管理平台在中水与雨水智能化管理系统中发挥着核心作用。这个平台整合了所有相关数据和控制系统，实现了数据的集中处理和分析。通过这个平台，管理人员可以获得关于整个水资源系统的全面视图，包括水质监测、水量调度、系统运行状态等关键信息。管理人员可以基于实时数据和长期趋势，制订出更合理的水资源管理计划和应急响应策略。例如，在面临干旱或雨季时，管理平台可以帮助管理者快速调整水源分配，确保水资源的合理利用和分配。

集成化管理平台支持自定义报告和分析工具，使管理者能够根据特定的需求进行深入分析，以优化系统性能和提高水资源管理的效率。随着技术的发展，这些平台将更加智能化，能够自动识别潜在的问题并提出解决方案，进一步提高水资源管理的自动化和智能化水平。

（六）区块链技术的应用

区块链①技术的应用正在中水与雨水管理领域展现出巨大的潜力，特别是在数据安全和透明度方面。这一技术通过其分布式账本的特性，为水资源管理提供了一个安全、不可篡改且透明的数据记录环境。

区块链技术的去中心化和加密特性确保了数据在整个网络中的安全存储。每一笔数据变动都需要网络中多个节点的验证，从而极大地降低了数据被篡改或损坏的风险。所有的交易记录在区块链上都是公开且不可更改的，增强了数据的透明度。这一特性对于水资源的分配和使用情况尤其重要，使得各方都能清楚地追踪水资源的流向和状态。

在多个利益相关方参与的水资源管理中，区块链可以作为一个共享的、可信的信息平台，提供一个共同的事实基础，减少了因信息不对称而产生的矛盾和冲突。区块链技术还可以通过智能合约自动执行特定的水资源管理规则和协议，如自动调整水价或水配额，提高管理的效率和响应速度。

（七）新技术、新材料的应用

纳米过滤和石墨烯基过滤膜技术在雨水和中水处理中扮演着革命性的角色，大幅提升了水处理效率和安全性。纳米过滤技术利用极小的孔径（纳米级大小）的膜来过滤水中的微粒、有机物和某些离子。这种过滤技术能够去除水中的悬浮颗粒、细菌甚至某些病毒，同时保留一些有益矿物质。纳米过滤系统相比传统过滤技术有更高的去污效率，同时能够在较低的能耗下运行。

石墨烯基过滤膜是一种新兴的水处理技术，主要利用石墨烯的独特性质——高强度、高透过性和化学稳定性。石墨烯基过滤膜能有效去除水中的重金属、有机污染物和盐分，同时具有较高的透水率，这对于提高水处理的效率至关重要。石墨烯基过滤膜还有一个优点是抗生物附着性，这有助

---

① 区块链是一种分布式账本技术，其主要特点是数据的不可篡改性、去中心化和透明性。区块链通过将数据存储在一系列相互关联的"区块"中，并在一个分布式网络的多个节点之间复制和同步这些区块，来保证数据的安全和完整性。

于减少膜污染，延长过滤系统的使用寿命。

中水与雨水的智能化发展不仅提高了水资源的利用效率和安全性，还为城市的可持续发展和智慧城市建设提供了强有力的支持。随着技术的不断进步和成本的降低，预计未来中水与雨水的智能化管理将得到更广泛的应用。

第八章　废物管理与循环利用

第一节　废物减量策略

一、科学化、智能化管理，减少废物形成

近年来，我国在建筑垃圾管理领域取得了显著的进展，主要得益于科学化和智能化管理方法的应用。这些方法不仅提高了建筑垃圾的处理效率，还促进了资源的可持续利用，为其他国家和地区提供了宝贵的经验。

（一）渣土管理平台的应用

渣土管理平台利用现代科技和网络技术，实现了一体化全天无缝隙监督管理。特别是北斗卫星定位的智慧工地管理平台①，即使在人为切断电源的情况下也能继续追踪管理长达 30 天。通过设置"智能围墙"，对渣土车的运输时间、路线、消纳地点进行有效的轨迹和视频监控，有效杜绝了乱拉和无序运输、污染环境现象。

（二）5G 通信技术的运用

2021 年开始，绿色建筑云管理系统得到了许多建筑设计院的认可和支持。绿色建筑云管理系统是利用 5G 移动互联网、大数据等信息化技术，收集绿色建筑从设计到施工到运行管理各个环节的数据，从而构建大数据库，在人工智能算法的协助下，在项目运行的不同阶段，向每个相关方推送有需求的数据，从而提高项目的管理效率。例如，渣土车线上车载实时视频监督考核系统，解决了车辆驾驶中的多种问题；360 度无线 5G 数据摄像机能够 24 小时向管理中心推送实时数据和视频图像。

---

① 智慧工地管理平台融合了多种信息技术辅助现场安全监督和管理，可以在提高安全性的同时有效缩短施工周期，使各部门的沟通更为顺畅，降低成本，符合绿色建筑的理念。

（三）无人机和智慧化芯片技术的应用

无人机在高、险、封闭区域的执法中发挥作用，实现了空对地、地对空的联动执法模式。智慧化芯片技术则被集成到废建治理的监管过程中，构建了建筑垃圾的智慧化管理模式。

（四）"无废城市"建设的推进

"无废城市"[①]是以创新、协调、绿色、开放、共享的新发展理念为引领，通过推动形成绿色发展方式和生活方式，持续推进固体废物源头减量和资源化利用，最大限度地减少填埋量，将固体废物环境影响降至最低的城市发展模式，也是一种先进的城市管理理念。[②]一些城市通过"无废城市"建设促进了社会经济的高质量发展和城市管理水平的提升。这种建设包括了生活垃圾处理新模式的探索，同时涵盖了建筑垃圾的源头减量、资源利用和末端循环的智慧化模式。

二、形成闭合的处理链

建筑废弃物的资源化利用是实现建筑行业可持续发展的关键环节，涉及从废弃物产生到最终再利用的多个步骤。这一过程需要不同行政部门间的密切合作和有效协调。

在废物生产环节，要减少建筑废弃物的产生，推广环保建材和建筑技术的使用，并确保建筑设计和施工过程中遵循绿色建筑标准。在废物收集与运输环节，要确保废弃物的安全和高效转移。现代技术，如北斗智慧建筑平台监控系统，可用于有效跟踪运输车辆，防止非法倾倒行为。在废物处理环节，要建立集中处理设施，并使用创新技术来优化废弃物的回收和

---

① "无废城市"是指通过有效的废物管理和资源循环利用，力求将废物产生量降至最低并使资源的回收再利用效率最大化，从而减少对垃圾填埋场和焚烧设施的依赖。这一概念不仅涉及废物处理，还包括生产、消费和生活方式的全面转变，以达到可持续发展的目标。

② 季江云.2019全国有机固废处理与资源化利用研讨会召开 有机固废资源化有多少妙招[J].环境与生活，2019（5）：40-42.

处理过程。在废物再利用环节，要共同推动再生材料的市场应用，制定和执行再生产品的质量标准。

第二节　循环利用与资源回收

一、循环利用与资源回收的意义

循环利用与资源回收在建筑业中的意义体现在多个方面，主要包括支持行业的转型升级、提高资源利用效率、减少环境影响、支持可持续发展目标等。

一是支持行业的转型升级。循环利用与资源回收是推动建筑业从传统的建造方法向工业化、绿色化、智能化的转型升级的关键因素。这种转型不仅提高了建筑行业的效率，还减少了环境污染和资源浪费。在工业化过程中，可以采用预制式建筑和其他预制建筑技术，在工厂控制条件下生产建筑部件，减少现场施工废物和能耗。

二是提高资源利用效率。循环利用与资源回收允许建筑废弃物变成有用的资源，如将废弃的混凝土、砖块和其他材料转化为再生骨料，用于新的建筑项目。这样不仅减少了对原生资源的需求，还降低了废弃物处理和填埋的需求。高效的废物管理和回收技术，可以最大限度地减少资源的浪费，提高整个建筑行业的资源循环利用率。

三是减少环境影响。建筑行业是能源消耗和废物产生的主要行业之一。通过循环利用和资源回收，建筑活动对环境的负面影响可以大幅度减少，如降低温室气体排放和减少填埋场的压力。这也包括使用更环保的运输和处理方法，如采用低碳排放的运输方式和更高效的废物处理技术。

四是支持可持续发展目标。循环利用与资源回收直接支持了可持续发展的目标，特别是在实现环境可持续性方面。这涉及减少对自然资源的依赖，保护生态系统，同时支持经济和社会的可持续发展。

二、循环利用与资源回收技术

（一）建筑垃圾资源化及再生骨料应用技术

建筑垃圾资源化及再生骨料应用技术是推动建筑业可持续发展的关键环节，致力于将废弃物转化为有价值的资源，减少依赖传统的填埋和焚烧处理方法。这些技术覆盖了废物产生、分类、处理以及在新工程中的应用全过程，核心目的是优化资源利用，促进环境保护和经济效益的双重增长。具体来讲，建筑垃圾资源化是指在源头进行有效的废物分类收集，随后通过破碎、筛分和清洗等过程，混凝土块和砖块等建筑废弃物被转化为再生骨料。这不仅显著减少了废物量，还降低了对新原材料的需求。再生骨料应用技术通过将废旧混凝土和砖块转化为可用于新建筑或道路项目的材料，显著降低了对自然资源的依赖，同时减少了建筑项目的成本，减轻了对环境的破坏。该技术提高了建筑废弃物的利用率和附加值，创造了新的收入来源，推动了循环经济的发展，促进了建筑行业的绿色转型。

总之，这些技术不仅有助于保护自然资源和生态系统，还通过回收和利用建筑废弃物，提高了废物再利用率，为建筑业的可持续发展提供了强有力的支持。因此，建筑垃圾资源化及再生骨料应用技术被视为未来建筑行业发展的重要趋势之一。

（二）弃土利用技术

1.弃土的搬运和处理

弃土利用技术主要关注在建筑项目完成后对产生的土壤的搬运和处理，目的是将其转化为有价值的资源，用于其他土地工程，如填充、土地整形和绿化工程。这一过程涉及几个关键步骤，以确保弃土的有效和安全利用。

（1）搬运。在建筑项目完成后，使用挖掘机、推土机等专业重型设备对弃土进行搬运。这些机械被用来挖掘、装载并将弃土运输到指定的处理或利用地点。

（2）初步处理。弃土在搬运后进行初步处理，包括对弃土进行分选、去除其中的杂质，如石块、杂草、垃圾等，还包括对土壤进行必要的压实处理，以便运输和后续利用。

（3）应用。经过处理后的弃土可用于多种土地工程，如工程回填、矿坑修复、土地平整和绿化覆盖。这些应用有助于提高土地利用效率，减少了对新土地资源的需求，同时为土地复垦和生态修复提供了重要资源。

2. 弃土的回填和修复

（1）工程回填。在工程回填中，处理后的弃土被用于填补建筑或开发项目的低洼部分。这有助于平整地形，为新的建设项目提供坚实的基础。回填操作需要精确的量度和定位，确保土壤的均匀分布和适当的压实。

（2）矿坑修复。在矿坑修复项目中，弃土用于填补废弃矿坑，恢复地表的原有地形。这不仅减少了地质不稳定的风险，还有助于恢复区域的生态平衡。在修复过程中，可能需要对土壤进行进一步的处理，如添加营养物质，以促进植被的生长和生态系统的重建。

3. 土地平整和绿化覆盖

（1）地形调整。在进行土地平整时，弃土被用来填充不平坦的地区，创建均匀、平稳的地面。这对于道路建设、住宅区开发和商业项目至关重要。适当的地形调整不仅提高了土地的利用价值，还有助于防止水土流失和其他环境问题。

（2）绿地建设。在城市绿化项目中，弃土用于建设绿地，如公园、花园和休闲区。这些绿地为城市居民提供了必要的休息和娱乐空间，同时改善了城市的生态环境和美化了城市景观。

（3）生态恢复和维护。在土地绿化覆盖过程中，弃土不仅可以用作填充材料，还可以用来支持植被生长，促进生态恢复。通过添加合适的营养成分和改良土壤，弃土可成为种植树木和其他植物的理想基底。

（4）水土保持。在斜坡和丘陵地区，利用弃土进行土地平整和绿化覆盖，有助于防止水土流失。这在提升地区环境质量的同时，为生物多样性的保护和维护提供了条件。

弃土利用技术的环境效益显著。它减少了对新土地资源的需求，减轻了对环境的压力。有效的弃土利用减少了对垃圾填埋场的依赖,减轻了填埋场的环境负担。这种技术为土地复垦和生态修复提供了资源,有助于恢复和改善受损的生态环境。

(三)预制式建筑技术

1.预制式建筑技术的效能

预制式建筑是一种现代建造方式,是指先将建筑的部分(如墙壁和楼板)在工厂里提前做好,然后运送到施工现场快速组装起来。这种方法不同于传统现场建造,它更快、更干净,还能减少浪费。首先,设计团队会用计算机软件详细规划每一部分。其次,根据这些计划准备好需要的材料,如混凝土和钢筋。再次,这些材料会被倒入特制的模具中形成所需的形状,并在控制的环境下让混凝土凝固。一旦凝固完成并通过质量检查,这些预制的部件就会被安全地运输到施工现场。最后,在施工现场,这些部件会根据设计图纸迅速而准确地组装起来,形成完整的建筑物。

2.预制式建筑技术的环保

预制式建筑技术减少了建筑废弃物(大部分材料在工厂内使用,减少了现场废物),提高了效率和质量(工厂内生产的构件更高效,质量控制更严格),并降低了整个建筑过程的能源消耗和碳排放(减少了现场施工的能源和物料需求)。

(四)数字化与智能化建筑垃圾管理技术

数字化与智能化建筑垃圾管理技术结合了5G、人工智能、物联网等先进技术,彻底改革了传统的建筑废弃物处理方式。通过使用传感器、摄像头等设备,实现了建筑垃圾的实时监控和自动化管理,从而提升了资源回收的效率和准确性。利用人工智能算法对数据进行分析,优化了垃圾处理流程,包括预测垃圾量、优化运输路线等,确保了资源的最大化利用。通过建立"智慧工地"等平台,车辆追踪、视频监控和数据分析功能被集成,提高了管理的透明度和防止非法倾倒的能力。这一技术不仅大幅提高了处理速度和减少了对人力的依赖,还有助于更有效地进行分类和回收,推动循环利用率的提高，为建筑行业的环保和可持续发展提供有力支持。

三、循环利用与资源回收的发展前景

（一）促进建筑业的绿色转型

1.减少资源消耗

在建筑行业中，循环利用技术，如再生骨料的应用和废弃材料的再处理，可以显著减少对新原材料的需求。例如，使用破碎的混凝土和砖块作为新建筑项目的填充材料或基础建材，可以减少对天然资源的依赖。

2.降低废物排放

建筑行业产生的废物量巨大，这些废物如果不加以管理，将导致严重的环境污染。循环利用技术可以有效地降低废物的排放量。例如，预制式建筑减少了建筑现场的废物产生，而建筑垃圾管理技术如"智慧工地"系统则能更有效地监控和回收建筑废料。

3.提高回收利用率

提高建筑废物回收利用率的关键在于采用先进的分选和处理技术。这些技术能有效分离出建筑废物中的有价值材料，如金属、木材和塑料，并将它们重新加工以供再次使用。例如，使用高效的筛选系统和磁选设备可以从建筑废弃物中分离金属，而破碎和筛分技术则可用于回收混凝土和砖块。

4.促进绿色建筑发展

绿色建筑发展的核心在于实施环保和资源节约的建筑设计、施工和运营方法。循环利用与资源回收技术在此过程中起到关键作用，能通过保证建筑材料和能源的高效利用，显著减少建筑对环境的负面影响。这包括使用可再生能源、再生材料和高效能源系统以及实施废物管理和回收策略。

（二）"光储直柔"① 促进建筑技术的发展

1.太阳能发电

太阳能发电是通过在建筑物的屋顶或其他适宜的表面安装光伏板来实现的，这些光伏板能够将太阳光转化为电能。这一过程具有环保特性，因为它不产生温室气体排放，能够减少对化石燃料的依赖。太阳能发电技术的应用对于实现建筑能源自给自足、减轻电网负担以及降低建筑的碳足迹至关重要。太阳能发电还有助于降低运营成本，提高能源安全性，对于推动建筑业的绿色可持续发展具有重要意义。随着光伏技术的不断进步和成本的降低，太阳能发电将在建筑领域得到更广泛的应用。

2.能量储存系统

能量储存系统是指在建筑内安装特定的设备，如电池，用于储存太阳能发电或其他可再生能源发电方式所产生的电能。这种系统使得建筑在光伏板产生的电力不足时，能够使用储存的能源，从而保障能源供应的连续性和稳定性。这一技术的应用对于实现建筑能源自给自足和优化能源使用至关重要。

储能系统不仅能够平衡能源供需差异，尤其在太阳能发电高峰期和低谷期之间提供关键的能源调节功能，还有助于减少对电网的依赖，降低能源成本，提高能源安全性，并在应对突发电力需求时发挥重要作用。随着储能技术的发展和成本的降低，能量储存系统在建筑行业的应用将更加广泛，为建筑业的节能减排和可持续发展提供强有力的支持。

3.直流配电系统

直流配电系统尤其适用于太阳能电力。与传统的交流电系统相比，直流系统能够减少能量在转换过程中的损耗，从而提高整体能源效率。这一系统的核心优势在于其直接兼容太阳能光伏板产生的直流电，避免了额外

---

① "光储直柔"建筑技术是一种创新的绿色建筑解决方案，它整合了太阳能发电、储能系统和直流配电系统，将建筑物从传统的能源消费者转变为能源的生产者、存储者和智能管理者。

的直流到交流转换过程，减少了能源损失。

直流配电系统的应用对于提高建筑能源利用效率、减少电力消耗和降低运营成本具有重要意义。它不仅适用于新建建筑，还可在现有建筑中实施，尤其适合那些已经安装或计划安装太阳能发电系统的建筑。随着可再生能源技术的发展，直流配电系统将成为未来建筑能源管理和绿色建筑设计中的关键组成部分。

4.柔性用电

柔性用电涉及对建筑内部电力需求的智能管理。该技术通过先进的管理系统和传感器，动态调整建筑内部的能源使用，以适应电力供应和需求的变化。这不仅提高了能源效率，还减少了电力浪费。

柔性用电的核心在于实时监测和响应建筑的能源需求，包括照明、加热、制冷和电气的使用。系统可根据可用能源（如太阳能发电量的波动）和需求峰值来优化能源分配。例如，在太阳能发电量高时，系统可增加能源存储；在需求低时，可减少能源使用。

综上所述，"光储直柔"技术减少了对外部电网的依赖和优化能源使用，有助于降低建筑的碳足迹。这种自给自足的能源系统能够显著减少建筑对化石燃料的依赖，从而减少温室气体排放。

（三）增强"中国建造"的竞争力

1.提高建筑效率与质量

中国建筑业通过采用预制式建筑、智能建造和数字化技术等创新手段，显著提高了建筑效率和质量。这些技术使建筑过程更加自动化、高效，减少了人力和物力的消耗。

通过这些先进技术的应用，中国建筑业在全球市场上的竞争力得到增强，能够高效、准时地完成复杂的建筑项目，这使得中国建筑企业在国际投标和合作中更具吸引力。

2.领导绿色和可持续建筑领域

中国在推动绿色建筑和可持续建筑方面取得了显著进展，如"光储直柔"建筑技术的开发和应用不仅降低了建筑的能耗和碳排放，还提高了能源的自给自足能力。这些举措使中国正在成为全球绿色建筑和可持续发展的典范。在应对气候变化和促进环境保护方面，中国的建筑业展示了其领导力和创新能力。

（四）推动绿色建筑高质量发展

1.提高效率与降低成本

利用再生材料技术和预制式建筑等，降低了建筑过程中的资源消耗和废物产生。这不仅减少了对新原材料的依赖，也降低了建筑成本。

通过智能化和数字化管理，建筑项目的规划、实施和监管变得更加高效。这种高效管理减少了建筑过程中的浪费和错误，提高了整体建筑效率。

2.环境影响的减少

循环利用与资源回收技术减少了建筑废弃物的填埋和焚烧，减轻了对环境的负担。这些技术有助于减少建筑行业对环境的整体影响。

随着绿色建筑标准的普及和实施，建筑行业越来越多地使用可持续材料和能源效率高的设计，减少了能源消耗和温室气体排放。

3.未来展望

随着技术的不断发展和应用，建筑行业有望成为可持续发展的引领者。通过创新技术的应用，建筑行业能够更有效地利用资源，减少对环境的影响。

技术的进步将不断推动建筑行业向更加环保、智能和高效的方向发展。这种不断的技术创新是推动建筑业高质量发展的关键。具体而言，循环利用与资源回收技术不仅提高了建筑行业的效率和可持续性，还减少了对环境的影响，为建筑行业的未来发展奠定了坚实基础。

第九章　项目规划与设计阶段管理

第一节　可持续施工策略

一、绿色建筑的规划设计

（一）绿色建筑的设计理念

1.节能策略

绿色建筑在设计初期，应重视能源节约，采用节能建筑围护结构。例如，利用自然通风原理设置风冷系统，优化建筑的平面形式和布局以适应地形地貌和自然环境，或者在采暖、通风、照明和电气等方面采用先进的节能设计，确保整体节能效果。

2.资源节约

在建筑材料的选择上，优先考虑可循环利用的材料，以实现资源的可再生利用。同时，应用新型节能施工技术，提高材料利用率。在规划设计时，还需考虑水资源的合理利用，如合理安排节水设施，设立污水处理系统以用于绿化，提高水资源利用效率，等等。

3.自然亲和

绿色建筑强调与自然环境的和谐共生。设计时应与周围自然环境相融合，采用开放式布局，注重内外空间的有效连接。通过合理布局窗户和开口，优化建筑与自然光、风的互动，使用自然材料和颜色，创造出更加亲近自然的氛围。设计应充分利用自然资源，如阳光、绿地和空气，创建健康舒适、自然和谐的环境。绿化设计，如屋顶花园和垂直绿化，也是连接自然的有效手段，不仅增强了建筑的美观，还提升了生态效益。

4.室内环境健康

除了关注室外环境，室内环境的舒适与健康也同样重要。设计时应使用绿色无害的建筑和装修材料，避免有害气体的释放，从而保证室内空气质量。同时，保持室内适宜的温度和湿度是关键，这不仅涉及采暖和空调系统的设计，也包括合理的自然通风和遮阳措施。考虑到室内环境对居住者心理健康的影响，应在设计中融入自然元素，如充足的自然光、植物绿化和宽敞的视野，以创造更加健康、舒适的居住环境。这种设计不仅可以提升居住者的健康水平，还有助于精神上的放松和愉悦。

5.积极使用绿色能源

在建筑的采暖、通风、照明和电气等能源消耗环节中，根据当地气候条件，应积极采用太阳能和风能等绿色能源，以充分利用可再生资源。安装太阳能板和风力发电机有助于减少对传统能源的依赖，并降低能源成本。同时，考虑使用地热能、生物质能等其他可再生能源，并通过建筑方向、布局优化太阳能利用。绿色建筑还应采用高效能源设备，如 LED 照明和高效供暖通风系统，以减少能耗和碳排放。这种策略不仅环保，还增强了建筑的能源自给自足能力。[①]

6.减少碳排放

面对全球变暖问题，建筑的碳排放受到越来越多的关注。因此，在设计规划中，应采取科学合理的措施减少碳排放，以有效应对环境挑战。这包括优化建筑设计以提高能源效率，如使用高效的绝热材料和能源管理系统，减少能源消耗。同时，使用绿色能源和可再生能源，如太阳能、风能和生物质能等，来降低对化石燃料的依赖。建筑项目应考虑在施工和运营阶段使用低碳技术和材料，如使用可回收或低碳足迹的建筑材料。以上措施可以显著降低建筑的整体碳排放，同时提高建筑的能源自给自足能力。

（二）绿色建筑规划设计的关键要素

（1）外墙表层设计。外墙表层对建筑物的采光、散热和隔热起着关键作用。应采用热绝缘设备、高科技玻璃窗、蒸汽阀、可调节空气过滤器和

---

① 孙香凝.绿色环保理念在室内环境设计中的具体应用 [J].造纸装备及材料，2023，52（10）：166-168.

热桥。外墙表层设计需优化阳光利用，减少夏季高温损害，同时在冬季加强保温，防止室内热量散发。

（2）空间分割策略。内部空间分割直接影响着建筑物的采光和通风。设计时应最大限度地利用自然光，减少人工照明的需求。空间分割还应关注居住者的直观感受，以舒适为本，提高室内舒适度。

（3）供暖和制冷。采用节能降耗的设备，提升空气质量，确保新鲜空气供应，同时通过传感器等内部装置在不必要时关闭系统以节省能源。

（4）能源利用。面对全球自然资源枯竭的问题，绿色建筑应有效储存和生产能源，利用太阳能、风能等自然资源，减少对不可再生能源的依赖。

（5）节水措施。合理规划设计节水设施，实施雨水收集和废水循环利用等措施，全面提高水资源的利用率。

（6）建筑材料的选择。宜优先选用可循环或含可循环材料的建筑产品，提高材料的可循环利用率。同时，选择对人体无害的材料，如无放射、低挥发性材料，减少塑料和木质材料的使用，避免对人体和环境的潜在危害。

二、资源管理

（一）绿色建筑施工管理

1.使用绿色建材和设备

在绿色建筑施工中，要特别重视使用绿色建材和设备，以降低对环境的影响。选择环境友好的材料，如可回收材料和低排放设备，是这一策略的核心。这种做法不仅减少了建筑施工过程中对环境的负面影响，还有助于长期降低建筑的维护和运营成本。通过采用这些可持续的材料和技术，绿色建筑施工展示了对环境保护的承诺，也符合节能减排和资源高效利用的原则。

2.节约资源，降低消耗

绿色建筑施工中的一个关键方面是节约资源和降低消耗。这主要体现在节能和节水措施上。绿色建筑施工通过合理规划施工操作，有效减少能源和水资源的浪费。例如，引入高效的机械设备和优化施工流程，以减少能源消耗。这种做法不仅提高了施工效率，还减少了对环境的负担。通过这些节能节水措施，绿色建筑施工展现了对环境保护的承诺，并积极推动了建筑行业向更可持续的方向发展。

3.清洁施工过程，控制环境污染

绿色建筑施工要特别注重清洁施工过程，以控制环境污染。绿色建筑施工通过严格控制施工现场的粉尘和噪声，减少了对周围环境和社区的干扰。同时，合理地处理建筑废料，确保其不会对环境造成污染，并重视废物的回收利用，减少资源的浪费。这些措施不仅提高了施工效率，还显著降低了对环境的影响，体现了对生态环境保护的责任意识。

4.基于绿色理念的优化建议

绿色建筑施工通过技术和管理进步，对施工图纸中的工程做法、设备和用材进行优化。这有助于提高施工过程的安全性和文明程度，同时确保建筑产品的安全性、可靠性、适用性和经济性。[①]

绿色建筑施工措施包括制定具体工程的节能和节水策略、节材措施、节约用地措施和施工总平面布局规划，强调采取环境保护措施。这些措施不仅有助于减少对环境的负面影响，提高能源效率，还能为企业节约成本，是实现可持续发展的关键环节。

（二）节能措施

在绿色建筑施工过程中，采取有效的节能措施是提高能效和降低成本的关键。精心规划施工现场的用电布局，限制大功率设备的使用，并在非必要时段减少夜间作业，可以显著降低电力消耗。实施"人走灯灭"的原则，对宿舍和办公区进行节能照明改造，不仅减少了能源浪费，还培养了节能的工作和生活习惯。优化施工机械和设备的使用，如利用更高效的运输路径和使用减少油耗的设备，则进一步降低了能源消耗。这些节能措施

---

① 张富强.基于绿色住宅建筑背景下环保节能施工技术的运用[J].居舍，2024（3）：93-96.

的实施，不仅有助于降低施工成本，还对保护环境、促进可持续发展具有积极意义。通过这种全面的节能策略，建筑行业能够在提高效率的同时，减少对自然资源的依赖和碳排放，展现出对环境保护的责任和承诺。

（三）节水措施

在绿色建筑施工中实施节水措施，是向可持续发展迈进的重要一步。通过引入分路供水和计量系统，施工项目能够精确监控用水情况，有效减少浪费，并保证水资源的高效利用。采用节水型产品和技术，如高压清洗设备，不仅提高了清洗效率，还大幅降低了水的消耗。进一步地，施工现场通过建立循环水系统和三级沉淀池，积极利用非传统水资源，如降雨水和废水，这些措施不仅减轻了对自来水资源的依赖，还显著减少了对环境的影响。

（四）节材措施

绿色建筑施工项目中的节材措施如下：高效利用现场的余料，如钢筋、混凝土和模板，这不仅减少了废料和对新资源的需求，还显著降低了施工成本，同时减轻了对环境的影响；采用成品化和工具化的临时设施提高了施工效率和现场安全性，同时缩短了施工周期并减少了材料浪费；通过优化钢筋接头方式，引入机械连接和电渣压力焊代替传统焊接技术，在提升接头质量的同时，减少了材料浪费和环境影响；采用木枋接长技术和严格控制混凝土使用量的措施，进一步提高了材料利用率，减少了资源浪费；使用商品砂浆替代自拌砂浆和周转式彩钢板活动房的策略不仅提高了施工效率，还优化了资源利用，减少了环境影响。以上措施共同体现了建筑行业在资源管理和环境保护方面的创新和进步。

（五）节地与土地资源利用

节地与土地资源利用的措施如下：避免使用黏土制品，完全停止使用黏土砖等黏土制品，以保护土地资源；使用轻质隔墙板，通过技术更新，将地下室及裙房内的原砖砌隔墙改为使用轻质隔墙板，提高施工效率，同时节约资源；使用小型混凝土空心砌块，主体二次结构外墙统一采用小型混凝土空心砌块，主体二次结构内隔墙采用蒸压砂加气砌块；重复利用旧墙和围墙，尽量利用拆迁房的旧墙和老围墙，并通过适当装饰作为工地围墙；优化施工道路布局，要求施工方将施工用地临时重车道从地连墙内侧改到外围，以更高效地利用空间；现场裸土绿化，利用小区正式绿化所用的部分花草树对现场裸土部位进行绿化；利用废旧材料建造临时设施，使用原有场地拆迁废弃物和旧砖砌筑仓库、工具房、厕所等临时建筑设施。

（六）环境保护

在绿色建筑施工中，环境保护措施的实施对于维护施工现场及周边社区的生态平衡和居民生活质量至关重要。为此，绿色建筑施工采取了一系列有效的声、光、尘污染控制措施，如夜间施工严格遵守政府规定，使用低噪声施工机械，并对产生噪声的设备安装隔音罩，以减少噪声对周边环境的影响。同时，通过使用遮光罩和防眩光装置控制光污染，保证施工作业不对周围居民造成光线干扰。

针对扬尘问题，可采取全封闭施工、外架设绿色密目安全网、硬化施工道路和定期洒水等措施，有效减少施工过程中的粉尘排放。并且，通过严格的渣土和垃圾管理，确保及时清运，避免对环境造成污染。

生活区的环境保护措施应得到充分的重视，可以设置三级沉淀池、隔油池和化便池，减少生活区对环境的影响。

三、绿色工地的管理

（一）提高绿色施工意识

1.宣传与教育

应通过组织定期的研讨会、绿色建筑施工培训课程及工作坊，向施工人员和管理人员普及绿色施工的基本理念、方法和优势。这些活动不仅能提升他们对于节能减排、资源高效利用的理解，还能增强他们在日常工作中实践绿色施工的能力和动力。此外，可以利用内部通信、工地公告板等多种渠道，定期发布绿色建筑施工的最新动态、案例研究和最佳实践，以保持员工对绿色建筑施工重要性的持续关注。还可以通过举办绿色建筑施工成果展览、参观绿色建筑施工项目等活动，让员工亲身体验和认识到绿色建筑施工的实际效果和长远价值。上述举措可以有效地提升团队对绿色建筑施工的认识和重视。

2.培训和演讲

培训和演讲是两个非常有效的工具。建筑行业应定期组织面向施工人员和管理人员的培训课程，重点强调绿色建筑施工的技术方法、环保政策、节能减排标准以及可持续发展的重要性。这些培训不仅包括理论课程，还应包括实践操作演示，以便参与者能够直观地理解和掌握绿色建筑施工的具体技术。同时，可以邀请行业内的绿色建筑施工专家和环保领域的知名演讲者来进行主题演讲，这样可以激发施工人员的环保热情和绿色实践意识，帮助施工团队了解绿色建筑施工在实际应用中的效果以及对社会和环境带来的积极影响。

（二）培训绿色施工技术

1.技术培训

建筑企业应聘请专业技术人员对施工队伍进行系统的技术培训，这些培训应涵盖绿色建材的选择、节能减排的施工方法、废物管理和回收技术等内容。通过理论讲解和现场操作演示的结合，施工人员不仅能够理解绿色施工的重要性，还能够熟练掌握并实际应用这些技术。这种专业的技术培训将有助于提升施工队伍的整体技能水平，使绿色建筑施工成为现场操作的自然选择，从而推动整个建筑行业向着更加环保和可持续的方向发展。

2.实践应用

在绿色建筑施工技术培训之后，还要鼓励施工人员将所学技术应用于实际工作中。这包括使用环保材料、实施节能施工方法和废物最小化策略。建筑企业应提供实践机会，让施工人员在现场施工中运用这些技术，如进行试点项目或模拟施工场景。这种实践应用不仅有助于巩固培训成果，还能显著减少施工过程中对环境的负面影响，推动绿色建筑施工理念在建筑行业的深入实施。

（三）加强绿色施工监督

1.遵守标准

施工企业应该遵守的标准包括《绿色建筑评价标准（2024 年版）》（GB/T 50378—2019）、《民用建筑设计统一标准》（GB 50352—2019）、《工程测量通用规范》（GB 55018—2021）、《建筑结构检测技术标准》（GB/T 50344—2019）等。

2.奖惩机制

为了推动建筑行业的可持续发展，有效加强绿色建筑施工的监督并实施明确的奖惩机制至关重要。对未遵循绿色建筑施工法规的企业应采取严格的惩罚措施，如罚款、暂停或取消施工资格，以此作为对违规行为的警示。同时，对表现出色的企业应给予奖励，包括政府奖励、公共认可、优先资质等，以鼓励更多的企业积极实施绿色建筑施工。这样的奖惩机制能够有效激励施工单位遵守绿色建筑施工标准，推动整个建筑行业向更环保、可持续的方向发展。

（四）建立施工评价体系

为促进绿色建筑施工实践，建立一个全面有效的施工评价体系显得尤为重要。自 2019 年起，三星评价体系已成为衡量绿色建筑项目的关键标准，为施工项目的环保表现提供了明确的量化标准。施工单位需建立内部自查体系，定期进行自我评估和监督，及时调整工程流程和方法，确保施工活动符合绿色施工标准，保障项目的可持续发展。

评价体系的客观性和可操作性对于其有效性至关重要，要求评价结果公正无私，真实反映施工单位的绿色建筑施工实践水平。评价体系应包括明确的评价指标、标准和程序，同时要定期更新，以反映绿色建筑领域的最新发展和技术进步，使所有参与方能轻松遵循。

这样的评价体系不仅可以提升施工单位的自我管理能力，还能推动建筑行业向更加环保和可持续的方向发展，对实现更广泛的绿色建筑目标产生积极影响。

第二节　利益相关者参与

一、绿色建筑利益相关者的身份

绿色建筑项目的成功依赖于多元化的利益相关者群体的紧密合作。项目的发起者，包括建筑业主和投资者，主要关注项目的可持续性和经济效益。设计师和建筑师在设计过程中确保建筑既美观又符合绿色标准。施工单位和承包商负责将这些设计转化为现实，同时实施绿色建筑施工管理和技术。政府和监管机构通过制定政策、标准和法规来监督整个过程，而环境保护组织则推动更高的环保标准。最终用户和居民作为建筑的使用者，他们的体验和满意度对于评估建筑的环保性能和能源效率至关重要。供应商和制造商提供必需的绿色建材和技术，对市场的发展有直接影响。金融机构和保险公司为项目提供融资和保险服务，关注绿色建筑的风险和回报。以上这些不同的参与者共同塑造了绿色建筑项目的方向，确保了理念的有效实施和长期发展。

二、规划阶段的参与

在绿色建筑项目的规划阶段，利益相关者的早期参与至关重要，可以显著提高项目的成功率和效率。这一阶段要做好三个方面的工作，具体如下。

（1）项目目标设定。利益相关者共同讨论和确定项目的长期和短期目标，这些目标可能涉及环境可持续性、能源效率、成本控制、时间表以及预期的社会和经济效益。应通过协作确保所有相关方的需求和期望得到平衡和反映，为项目打下坚实基础。

（2）确定绿色建筑标准。利益相关者共同确定适用于项目的绿色建筑标准，这可能包括能源使用、水资源管理、材料选择、室内环境质量和废物管理等方面。标准的选择需要考虑项目的特定需求、地理位置、预算和预期的使用情况。

（3）开展初步设计讨论。在设计阶段初期，建筑师、设计师、工程师和其他技术专家与业主、投资者和最终用户等利益相关者一起，讨论和确定初步设计方案。在这一过程中，利益相关者共同评估不同设计选择对于实现项目目标的影响，包括可持续性、功能性和美观性等，且需考虑如何整合创新的绿色技术和方法，以提高项目的环保标准。

这种早期的积极参与，能够确保项目从一开始就朝着绿色、可持续的方向发展，同时有助于避免日后可能出现的成本超支、时间延误和设计更改等问题。

三、设计阶段的协作

在绿色建筑项目的设计阶段，各利益相关者的紧密合作和专业意见共享是关键。建筑师和设计师需与工程师、环境专家以及可持续性顾问协作，以确保设计方案既环保又实用。这涵盖了考虑建筑的能源效率、材料选择和水资源管理等多个维度。专业人员的见解对于优化设计、实现环保目标和提升建筑性能至关重要。

进一步来说，项目必须遵循国家或地区的绿色建筑标准，包括能源使用、废物处理和室内空气质量等方面。这需要所有利益相关者共同监督设计过程，确保项目不仅满足所有绿色建筑的目标和要求，还遵守相关的法规和标准。

社区需求的满足是设计阶段的一个重要方面。设计方案不仅要考虑建筑本身的可持续性，还要考虑社区的需求和期望，如建筑的外观设计、对周围环境的影响以及对当地社区的利益。通过与社区成员的沟通和协作，设计方案与社区的整体发展能够相互协调，提高社区对项目的接受度和支持。

设计过程中需要在可持续性目标和建筑的实用性、成本效益之间找到平衡点。这要求设计团队在创新和传统实践之间找到最佳的平衡点，并要求利益相关者共同参与决策过程，以确保设计方案不仅环保，还经济实用，符合项目的长期目标。

这种全方位的合作使绿色建筑项目在设计阶段充分考虑到环保因素和社会需求，有效实现可持续发展目标。这不仅提高了项目的质量和可行性，还促进了更和谐、可持续的社区环境的建立。

四、施工阶段的沟通

在绿色建筑项目的施工阶段，与利益相关者的沟通至关重要，要确保施工活动符合预定的绿色建筑计划，并及时解决施工过程中出现的问题。有效的沟通策略如下。

（1）定期更新进度。施工单位应定期向建筑业主、投资者和设计团队报告施工进度，包括达到的绿色建筑目标和遇到的任何挑战。这种定期的沟通有助于确保所有相关方对项目的当前状态有清晰的了解，并能及时调整计划以应对出现的偏差。

（2）召开问题解决会议。当施工过程中出现挑战或偏离预定计划时，应召开跨部门会议，包括设计师、工程师、施工管理人员和其他关键利益相关者，共同商讨解决方案。这些会议应聚焦于协作和创造性地解决问题，确保施工活动能够迅速回归正确轨道。

（3）进行技术和环保咨询。在施工过程中，可能需要技术或环保方面的专家咨询，特别是当遇到复杂的技术难题或需要验证绿色建筑实践的有效性时。这种专业咨询有助于确保施工活动不仅符合技术要求，还符合环保标准。

（4）参与社区的互动。与项目所在地社区的沟通同样重要。施工单位应定期向社区报告进展，并解释施工可能对社区带来的影响。社区参与和反馈可以提高社区对项目的接受度，并有助于减少施工活动对社区的负面影响。

（5）要具有灵活性和适应性。施工过程需要保持灵活性，以适应设计变更、天气情况或材料供应等不可预见因素的影响。有效的沟通机制有助于迅速响应这些变化，并确保项目团队能够协调一致地应对。

五、运营阶段的反馈与参与

在绿色建筑的运营阶段，积极地收集和整合利益相关者的反馈成了确保建筑性能和可持续性持续改进的关键。这一过程涉及多个重要环节，具体如下。

（1）定期进行用户满意度调查。通过询问建筑的最终用户，如居民和办公人员对建筑环境、能源效率和室内空气质量等方面的看法，可以获取宝贵的反馈。这些信息对于了解用户的实际体验并据此进行调整和优化至关重要。

（2）实施性能监测。使用先进的监测系统实时跟踪建筑的能源消耗、水使用量和废物产生，可以评估建筑的整体环保效能并识别改进的潜在领域。例如，监测到能源使用的异常增加可以触发及时的调查和维修，减少不必要的能源浪费。

（3）收集运营团队的反馈。收集运营团队关于建筑系统维护需求和运行效率的反馈，可以提供提高建筑运行效率和降低维护成本的重要见解。这有助于识别和解决运行中的问题，促进性能的持续优化。

（4）鼓励社区参与。与社区成员进行持续沟通和互动，不仅可以收集他们对建筑的意见和建议，还可以通过组织会议、问卷调查或社区活动来加深他们的环保意识。这种参与有助于确保绿色建筑项目在社会层面与周围环境和谐相处，并成为推动可持续生活方式的重要平台。

（5）基于收集到的反馈，制定并执行一个持续改进策略是必要的。这可能涉及技术升级、操作调整或采取其他措施，以提高建筑的环保性能和用户体验。通过这些步骤，绿色建筑在运营阶段可以不断地优化其性能，确保其长期符合可持续发展的目标，同时提高用户满意度和建筑的整体效能。

绿色建筑施工管理的理论与实践

六、供应商和承包商的参与

在绿色建筑项目建设中，与供应商和承包商的紧密合作至关重要，可以确保所使用的建筑材料和施工方法满足绿色建筑标准。这种合作涵盖选择符合可持续发展承诺的合作伙伴，实施严格的监督和质量控制，促进持续的改进和创新，等等。

选择合适的供应商和承包商是基础，应优先考虑那些在绿色建筑领域有丰富经验和明确承诺的企业。这不仅包括评估它们过往的项目表现，还要确保它们能够理解并遵循项目的绿色建筑标准和要求。同时，应选择那些提供可持续、环保及高效能源产品的供应商，如使用再生材料和低排放技术的公司。

监督和质量控制是确保绿色标准得以实施的关键环节，涉及对供应材料的来源、生产过程和运输方式的严格审查以及实施有效的现场管理措施和定期进行环境影响评估。提供专业培训和知识共享对于提升所有参与方，特别是供应商和承包商在绿色施工方面的能力至关重要。

持续的改进和创新对于绿色建筑施工的成功至关重要，要求供应商和承包商不断探索新的方法和技术，提高材料和施工技术的环保性能，同时在设计和施工过程中注重可持续性。通过采用再生材料、优化能源利用、减少废物和排放、利用高效的建筑管理系统和智能建筑技术等一系列措施，建筑的整体环境效益可以被显著提高，从而推动整个建筑行业向更加环保和可持续的方向发展。

180

第十章　施工质量与安全管理及风险管理

第一节　施工质量与安全管理

一、施工质量

（一）施工质量的基本要求

施工是将工程设计意图转化为实际工程实体的关键阶段，直接决定了项目的最终质量和使用价值。施工质量控制是整个工程质量控制过程的核心和关键环节，基本要求如下。

1.合格的项目工程实体

合格的项目工程实体是施工质量控制的基本要求。所有通过施工形成的工程实体必须经过严格的检查和验收流程，并且必须符合国家和行业的合格标准。

2.确保每个环节和部分都达标

确保每个环节和部分都达到预定的质量标准，是实现整体工程质量的关键。对于建筑项目而言，每一部分的质量都直接影响到整个结构的安全性和功能性，因此细致的检查和严格的验收是不可或缺的环节。

3.遵守法律和规范

符合《绿色建筑评价标准》［GB/T 50378—2019（2024年版）］和相关专业验收规范等国家法律、法规的要求，从技术角度确保工程的安全性、可靠性和耐久性。

4.满足勘察和设计要求

严格遵循勘察和设计要求是确保项目可持续性和环保性的核心。这包括利用先进的能效材料、采用节能减排技术以及实施水资源和废物管理策略。勘察为施工提供了必要的自然与社会环境数据，而详尽的设计则使建筑在能源利用、材料选择、室内环境质量以及与周边环境的和谐共存上不断优化。通过严格执行设计文件中的绿色标准和指南，绿色建筑施工旨在使对环境造成的负面影响最小化，同时提升建筑的使用效能和居住舒适度，为人们营造更加健康、可持续的生活环境。

5.遵守施工承包合同

遵守施工承包合同是保证施工质量的重要法律依据和管理准则。施工质量必须严格符合承包合同中的约定。合同的内容详细规定了工程实体的适用性、安全性、耐久性、可靠性、经济性以及与环境的协调性等多方面的质量特性。[①]遵守合同意味着施工单位必须在技术、材料选择、施工方法和工程管理等方面严格按照合同规定执行，确保工程项目不仅在技术上达标，还满足客户的期望。

6.切实履行责任和义务

在工程质量保证方面，所有参与方，包括建设单位、勘察单位、设计单位、施工单位和工程监理单位，都应切实履行它们的法定责任和义务。这些责任和义务不仅涉及各自专业领域内的质量管理和控制，还包括在整个工程流程中的协作和沟通。每个单位都要在各自的领域内确保工程符合规定的质量标准，同时积极协调与其他相关方的工作，以确保工程项目从设计到最终实施的每个阶段都达到预定的质量目标。各方还需确保遵循所有相关法律法规和行业标准，保障工程的安全性、可靠性和持久性。

在整个施工阶段，需要对影响项目质量的各项因素进行有效控制，以确保工程实体的整体质量。

（二）施工质量控制的基本环节

在建筑施工过程中，施工质量控制是确保项目成功完成的核心要素，涉及全面，全员参与全过程的质量管理。这一过程分为事前控制、事中控制和事后控制三个基本环节，形成一个闭环的动态控制系统，旨在不断提

---

① 安倩龙.建设工程项目施工管理的风险分析及防控[J].建材发展导向，2023，21（8）：98-100.

高工程质量，确保最终成果符合预定标准。

事前质量控制主要发生在施工开始之前，目的是通过制订施工质量计划、明确质量目标、协调施工方案以及设置质量管理点等措施，对可能出现的质量风险进行预防。[①] 这一阶段的核心是利用组织的技术和管理资源，对质量控制的对象进行深入分析，提出有效的预防措施，确保施工过程中能够有效避免质量问题。

随着施工的展开，事中质量控制成为保证工程顺利进行的关键。这一环节要求在施工过程中对各种可能影响工程质量的因素进行实时监控和管理，既包括施工人员的自我检查，也包括内部管理者和外部监理机构的监督。通过对每个工序和环节的质量进行全面控制，确保工程质量符合标准，有效预防和及时纠正质量偏差。

在施工完成后，事后质量控制作为质量管理的最后一环，重点在于对完成的工程进行全面检查和评估，确保所有工程均符合质量标准。对于检测出的不合格产品或工序，要及时进行纠正和整改，避免质量问题影响下一工序或不合格产品进入市场。事后质量控制还包括对工程质量的总结评估，通过分析质量管理过程中的问题和不足，制定改进措施，为后续项目提供经验教训。

这三个环节形成的质量控制闭环，实质上是计划—执行—检查—行动（PDCA）循环的具体体现，通过不断的迭代和优化，确保建筑项目的质量管理既系统又高效，最终达到提高整个工程项目质量的目的。

（三）施工质量控制点的设置与管理

在建筑工程中，施工质量控制点的设置与管理是确保整个工程质量的关键环节。施工质量控制点是施工过程中特别关注的关键部分，直接影响着工程的整体质量。

1.控制点的选择标准

应选择技术要求高、施工难度大、对工程质量影响显著或质量问题危

[①] 朱志刚.浅析工程项目施工质量控制[J].黑龙江科技信息，2012（13）：118.

害大的部位或环节作为控制点，包括关键部位、关键工序、隐蔽工程、施工薄弱环节、使用新技术或新材料的部位、施工质量不稳定的工序等。①

2.控制点的设置方法

质量控制点的设置应基于对工程的全面分析，包括技术难度、环境影响、以往经验等。绿色建筑质量控制点的设置如表 10-1 所示。

表 10-1　绿色建筑质量控制点的设置

分项工程	质量控制点
工程测量定位	标准轴线桩、水平桩、龙门板，定位轴线、标高
地基、基础（含设备基础）	基坑（槽）尺寸、标高、土质、地基承载力，基础垫层标高，基础位置、尺寸、标高，预埋件、预留调孔的位置、标高、规格、数量，基础杯口弹线
砌体	砌体轴线，皮数杆，砂浆配合比，预留洞孔、预埋件的位置、数量、砌块排列
模板	模板的位置、标高、尺寸，预留洞孔的位置、尺寸，预埋件的位置，模板的承载力、刚度和稳定性，模板内部清理及润湿情况
钢筋混凝土	水泥品种、强度等级，砂石质量，混凝土配合比，外加剂比例，混凝土振捣，钢筋品种、规格、尺寸、搭接长度，钢筋焊接、机械连接，预留洞孔及预埋件的规格、位置、尺寸、数量，预制构件吊装或出厂（脱模）强度，吊装位置、标商、支承长度、焊缝长度
吊装	吊装设备的起重力、吊具、索具、地锚
钢结构	翻样图、放大样
焊接	焊接条件、焊接工艺
装修	视具体情况而定

① 王永华.绿色建筑工程管理模式创新分析[J].中国招标，2023（11）：117-119.

3.重点控制对象

（1）人的行为。在施工质量控制点的设置中，关注人的行为尤为重要。这不仅包括关注操作人员的生理心理状态和技术能力，还应考虑他们的安全意识和工作经验，特别是在高风险操作如高空、水下作业等环节。具体来说，要确保操作人员接受了充分的安全培训和技术指导，并且在施工现场实施严格的监督和指导；考虑操作人员的工作环境和工作强度，避免过度疲劳，确保他们能够在最佳状态下工作；对于特别复杂或危险的工作环节，还应考虑安排经验丰富的员工或进行团队协作，以进一步提高工作的安全性和效率。

（2）材料的质量与性能。材料的质量与性能是一个至关重要的方面。不仅要确保使用在工程中的关键材料（如高强度螺栓、水泥等）的材质和性能符合规定的标准和要求，还需要对材料的来源、存储条件以及运输方式进行严格的监控，确保材料在到达施工现场前不会受到损坏或质量降低。对于特殊材料或新材料的使用，更应进行详细的测试和评估，确保其在特定的施工环境下能保持稳定的性能。施工现场应建立材料跟踪和管理系统，记录材料的使用情况和性能表现，以便及时发现问题并采取相应措施。

（3）施工方法与关键操作。施工方法和关键操作对工程质量有着直接且显著的影响。关键操作，如预应力钢筋的张拉工艺操作，须严格按照技术规范执行。这些关键操作不仅要求操作人员具备相应的技能和经验，还需要在施工过程中进行严格监控和质量检查，确保每一步骤都达到预定标准。对于其他复杂或高风险的操作，如大型设备安装、特殊结构施工等，也应制定详细的操作规程和应急预案，以确保施工的顺利进行，有效控制工程质量。

（4）施工技术参数。施工技术参数，如混凝土的外加剂比例、水胶比回填土的含水量等，都应严格控制在合理的范围内，以保证材料和构件的性能达到最佳状态。这些参数的控制需要依据设计要求和施工规范，同时结合现场实际情况进行调整。对于关键的技术参数，应进行定期检测和调整，确保整个施工过程的稳定性和可靠性。

（5）技术间歇与施工顺序。在施工过程中，确保工序之间有必要的技术间歇时间，是保证工程质量的关键。技术间歇时间允许材料和结构得到充分的固化和稳定，同时为质量检查提供了必要的时间窗口。施工顺序的合理安排能够确保各个工序互不干扰，相互协调，从而提高整体施工效率和质量。

（6）常见质量问题。针对混凝土蜂窝、墙体渗水等常见的质量问题，必须制定预防措施和应对策略。这包括在施工前对可能导致这些问题的原因进行全面分析，如材料质量、施工技术、环境条件等，并制定相应的预防措施。在施工过程中，必须通过持续的质量监控和定期检查，及时发现问题并采取纠正措施，避免问题的扩大。

（7）新技术和材料的应用。在引入新技术和材料前，应进行充分的市场调研和技术评估，确保其适用性和可靠性。在施工过程中，对于新技术和新材料的应用应进行详细的记录和监控，评估其在实际施工中的表现，必要时可以进行调整或替换，以确保工程质量不受影响。

（8）特殊地基或特种结构。对于特殊地基处理或特种结构的施工，如处理湿陷性黄土、膨胀土、红黏土等特殊土地基，或建造大跨度结构、高耸结构等，需要给予特别的关注。这些特殊情况往往需要更高级别的技术方案和更严格的施工控制。在施工前，必须进行详细的地质勘查和技术分析，确保所选方案的可行性和安全性。在施工过程中，应加强对这些特殊部分的质量监控，确保其符合设计要求和安全标准。[①]

4.质量控制点的管理

（1）事前质量控制。在工程项目的初始阶段，事前质量控制至关重要。这包括明确质量控制的具体目标和参数，针对不同的工作环节编制详细的作业指导书。同时，应确定合适的检查和检验方式及其标准，以确保从项目一开始就能够按照既定质量目标进行。

（2）施工作业班组交底。施工作业班组交底是确保每个作业人员充分

---

① 杨景舒.建设工程项目前期管理关键点及把控对策[J].中国住宅设施，2023（7）：121-123.

理解施工规程、质量标准和操作要点的关键步骤。这个过程不仅包括技术层面的讲解，还包括对安全措施和应急预案的说明。应确保所有作业人员对他们的职责和任务有清晰的认识，这样可以减少误操作和提高工作效率，从而保证施工质量。

（3）动态设置与跟踪管理。施工过程中的条件和进度可能会发生变化，因此需要动态地调整和更新质量控制点。这涉及对工程进展的实时监控和根据实际情况调整质量控制策略与措施。动态跟踪管理确保质量控制点始终与当前的工作环境和任务相适应，从而有效应对各种突发情况和变更。

（4）专项方案与三级检查制度。对于危险性较大或技术要求较高的工序，需要制订专项方案，并实施严格的三级检查制度，包括自检、互检和专检。这一制度旨在通过多层次、多角度的检查，最大限度降低风险和错误，确保工程质量符合最高标准。

（5）异常处理与反馈。在施工过程中一旦发现质量异常，应立即采取措施暂停相关工作，召开问题分析会议，查找原因，并制订有效的解决方案。之后，应将处理结果和经验教训反馈给项目管理层，以便进行总结并防止类似问题再次发生。

（6）见证点与待检点管理。根据不同的性质和管理要求，将施工作业质量控制点细分为见证点和待检点。对于见证点，如重要部位和特殊工艺，需要施工方在作业前通知监理机构进行监督。而对于待检点，如隐蔽工程等，施工方必须在完成自检后，通知监理机构进行检查验收，确保每个阶段的工作都符合质量标准。

5. 工艺方案的质量控制

在建筑项目中，工艺方案的质量控制是保证工程成功实施的关键。这不仅关乎工程的质量、进度和成本，还涉及施工的安全性和环境适应性。质量控制涵盖了从施工工艺的选择和优化、施工机械设备的合理应用，到施工环境因素的综合管理等多个方面。

施工工艺的先进性和合理性对工程的质量和效率有着直接的影响。通过深入分析工程特点、技术要点和环境条件，制订出既科学又实用的施工技术方案和组织方案是至关重要的。这包括施工区段的合理划分、施工流程的优化、施工机械设备的恰当选择以及施工平面图的精心布局。此外，引入新材料和新技术的专项技术方案和质量管理方案，也是提升工程质量的有效手段。[①]

施工机械的质量控制对确保施工质量同样重要。应选择适宜的施工机械设备，确保其性能符合施工要求，并通过专项设计和严格的审批验收制度，保证施工过程中机械设备的安全高效运行。对于施工中使用的模具、脚手架等，也需进行精细的质量控制，以确保施工安全和工程质量。

施工环境因素的控制是保障施工顺利进行的基础。这包括对自然环境的风险预测和预防以及建立有效的现场施工组织系统和质量管理机制，以创造良好的管理环境。同时，确保施工现场基础设施条件满足施工需求，如适宜的给排水、稳定的能源供应和可靠的安全防护措施，都是不可或缺的环节。[②]

对施工工艺方案进行全面质量控制，不仅可以提高工程项目的质量和效率，还能确保施工安全和环境的可持续性，从而提升整个工程项目的综合竞争力和社会价值。

（四）施工技术准备工作的质量控制

1.施工技术准备与质量控制措施

施工技术准备工作及质量控制措施是确保建筑项目顺利实施及达成设计标准的核心环节。施工技术准备包括深入熟悉施工图纸、进行设计交底及图纸审查，保证施工过程与设计意图一致。这一过程涵盖细致划分及编号工程项目的检查验收项目，审核质量文件以确保资料完整性和准确性，进一步细化施工方案，并合理配置人力和机械，确保资源有效利用。同时，

① 周学军.建筑工程质量管理标准化影响因素分析[J].黑龙江科学，2024，15（12）：162-164.

② 张清煌，夏财桂，陈茂斯.浅谈工程施工过程工序的质量控制[J].福建建材，2012（2）：87-90.

应编制施工指导书和施工详图,指导施工人员准确执行任务,为施工质量奠定基础。

质量控制措施要求对施工准备成果进行严格复核,以完全符合设计图纸和技术标准。例如,细化质量计划审查,根据实际情况改进施工质量控制措施,包括确立质量控制点和制定控制策略。每一个施工步骤都须达到预定质量标准,通过设立计量控制、测量控制和施工平面图控制等关键质量控制措施,确保施工精度和质量。施工单位须制订详尽的测量方案,精确复核所有关键测量点,保障工程定位精度和高程控制,同时按照批准的施工平面图严格施工,合理利用施工场地和设施。

实施这些综合性的质量控制措施,不仅可以显著提升工作成果对施工质量的保证程度,还能有效提高整体工程质量,确保工程项目成功完成。这些措施还有助于提高施工效率,减少潜在安全风险,保证施工现场的有序和安全,奠定实现高质量建筑工程的基础。

2. 工程质量检查验收的项目划分

在建筑工程中,对工程质量的检查验收进行适当的项目划分至关重要,因为它直接关系到整个工程的质量。这种划分不仅有助于明确各方在质量管理中的责任和范围,还能够提高解决问题的效率,确保项目各个环节达到预期的质量标准。按照《建筑工程施工质量验收统一标准》(GB 50300—2013),工程项目质量的检查验收需要按照明确的原则进行分级,具体可以分为单位工程、分部工程、分项工程及检验批。

单位工程通常指具有独立功能和施工条件的单个建筑物或结构;分部工程则依据专业性质和建筑位置等因素进行划分,如地基基础、主体结构、装饰装修等;分项工程及检验批进一步细化为具体的工种、使用材料或施工工艺,针对性强,便于管理和控制。这样的分级划分确保了质量验收工作的全面性和系统性,使施工过程中的每一步都能受到有效的监控和管理,从而达到既定的质量标准。

通过将工程项目细化为不同的层级和类别,建设方、施工方及监理单位可以更加精确地分配质量责任,制订出更为详细和具体的质量控制计划。

这种做法不仅便于在问题发生时进行快速定位和处理，还有助于提升整个项目管理的效率和效果，确保工程质量达到最佳状态，满足建筑工程的高标准和严要求。

（五）施工过程中的质量控制

施工过程中的质量控制是工程项目成功的基石，涵盖了从工序控制到监控和验收的全方位管理。首要任务是确保每个工序按照《绿色建筑评价标准》[GB/T 50378—2019（2024年版）]的要求进行，包括严格的自检和交接检验以及监理工程师的最终审批。施工条件和效果的质量控制不仅涉及对人力、材料、设备的管理，还包括对环境条件的考量，确保工序产品满足设计质量标准和施工验收标准。

施工作业质量的自控是关键，要求作业者全面承担质量责任，包括严格遵循施工质量计划和验收规范。有效的自控制度如质量自检、例会、会诊、样板制度等，是质量控制成功的基础。同时，施工作业质量的监控是确保工程质量达到预定标准的关键，需要建设单位、监理单位、设计单位及政府工程质量监督部门的共同参与。现场质量检查作为监控过程的核心，可采用目测法、实测法、试验法等多种检查方法，全面评估和保障工程质量。

隐蔽工程的验收及施工成品的保护也是质量控制的重要组成部分，要求对后续施工内容进行严格验收，并采取相应措施保护已完成的施工成品，避免损害。这些综合性的控制措施使施工过程中每一个环节的质量得到保障，从而实现整个工程项目的质量目标，保证项目的成功完成。通过这种全面、系统的质量管理，施工过程中的质量控制能够有效地促使工程项目按照预定的标准和要求顺利进行，确保了工程的质量和安全，为实现工程项目的长期可持续发展提供了坚实的基础。

（六）施工质量与设计质量的协调

施工质量与设计质量的协调是建设工程项目成功的关键。在施工实施的基础上，控制好设计质量是确保施工质量的首要前提。项目设计必须满足法律法规和合同的规定，同时考虑到实际使用中的功能性、可靠性、观感性、经济性以及设计的施工可行性，确保设计既创新又实用，能够适应实际施工条件。

施工与设计的紧密协调通过以下几个方面实现：首先，施工单位须与设计单位保持密切联系，充分理解设计意图和技术要求，及时提出实施难点并探讨改进方案。其次，设计交底和图纸会审是确保施工顺利进行的重要环节，应通过彻底的设计交底会议和图纸会审，提前识别和解决潜在问题，避免施工过程中的延误和成本增加。再次，设计现场服务和技术核定是适应施工现场变化和需求的重要过程，设计单位应派遣技术人员到施工现场提供必要的技术支持，解决施工过程中的设计问题，确保设计方案能够灵活适应现场的具体条件。最后，设计变更管理是施工过程中的重要环节，所有设计变更都必须通过严格的审查和批准流程，确保所有变更都严格符合项目目标和质量标准。

这种协调不仅保证了设计质量在施工过程中的有效实施，还确保施工过程能够顺利进行，避免了由设计不当引起的施工问题，既提高了工程质量，也增加了项目成功的可能性。施工质量与设计质量的协调是一个持续的动态过程，需要建设单位、施工单位和监理单位之间的密切合作和沟通。

二、安全管理

（一）安全生产管理制度

建筑工程规模大、周期长、参与人数多、环境复杂多变[①]，安全生产的难度很大，因此通过建立各项制度，规范建筑工程的生产行为，对于提高建筑工程安全生产水平是非常重要的。具体的管理制度如下。

（1）安全生产责任制度。作为建筑工程核心的安全管理制度，它按照"管生产必须管安全"的原则，具体明确了各级负责人、职能部门、工作人员及生产工人在安全生产方面的职责。安全责任包括企业主要负责人、项

---

① 史小钢.浅谈关于建筑施工中的安全管理[J].品牌（下半月），2013（3）：67.

目经理、技术人员、班组长及岗位工人的安全职责。安全生产责任制度要求对各级各部门的安全责任制定检查和考核办法，并应有记录。

（2）安全生产许可证制度。此制度旨在规范安全生产条件，加强监管。企业需具备明确的安全生产条件，如安全生产责任制的建立、安全规章制度、专职安全管理人员配置、特种作业人员资质等，方可取得许可证。许可证有效期为三年，需定期延期。

（3）政府安全生产监督检查制度。国家法律授权的行政部门负责对企业安全生产过程进行监督管理，以确保建筑工程安全。

（4）安全生产教育培训制度。此制度包括管理人员、特种作业人员和企业员工的安全教育。管理人员安全教育涵盖安全生产法律法规、安全管理知识等。特种作业人员必须经过专门的安全作业培训并取得操作资格证书方可上岗。企业员工安全教育包括新员工的三级安全教育、变换岗位时的安全教育以及经常性安全教育。

（5）安全措施计划制度。企业在生产活动中应编制安全措施计划，改善劳动条件、预防事故。计划内容应包括安全技术措施、职业卫生措施、辅助用房间及设施、安全宣传教育措施等。

（6）特种作业人员持证上岗制度。此制度规定特种作业人员（如垂直运输机械作业人员、起重机械安装拆卸工等）必须经过安全作业培训并取得操作资格证书后才能上岗。

（7）专项施工方案专家论证制度。对于危险性较大的分部分项工程，施工单位必须编制专项施工方案并附具安全验收结果，经专家论证、审查后实施。

（8）危及施工安全的工艺、设备、材料淘汰制度。对不符合安全生产要求的工艺、设备和材料实行淘汰制度，以保障施工安全。

（9）施工起重机械使用登记制度。施工单位要对施工起重机械进行登记，以便监管部门掌握使用情况并加强监督。

（10）安全检查制度。规定施工单位进行定期安全检查，以发现生产过程中的危险因素，并采取相应措施保障安全生产。

（11）生产安全事故报告和调查处理制度。此制度要求施工单位在发生生产安全事故后及时、如实地向有关部门报告，并依法进行事故调查和处理。

（12）"三同时"制度。安全设施必须与主体工程同时设计、同时施工和同时投入使用，以确保生产安全。

（13）安全预评价制度。此制度要求在建筑工程项目前期对工程项目的危险性进行预测性评价，以降低安全风险。

（14）意外伤害保险制度。建筑施工企业应为施工现场的从业人员办理意外伤害保险，以提供必要的安全保障。

通过这些综合性管理制度的实施，建筑工程可以有效地提高安全管理水平，保障施工现场的安全和员工的健康。[1]

（二）安全管理的预警体系

安全生产管理预警体系的建立和运行对于预防和减少建筑工程事故至关重要。这个体系涵盖了从外部环境监测到内部管理控制的多个要素，并且运用现代系统理论和预测理论构建起一个能够对灾害事故进行有效预防和控制的自组织系统。

1.安全生产管理预警体系的要素[2]

（1）外部环境预警系统。

①自然环境突变预警。关注自然灾害和人类活动导致的环境变化。

②政策法规变化预警。监测国家政策和法规的调整，了解其对安全生产的潜在影响。

③技术变化预警。密切关注技术创新、技术标准变动对安全生产的影响。

① 张婀娜.一级建造师执业资格考试中的《建设工程项目管理》及其如何备考[J].施工技术，2005（12）：90-91.
② 郭春轩.浅谈建筑工程施工管理[J].科技创新与应用，2013（27）：247.

（2）内部管理不良预警系统。

①质量管理预警。聚焦于确保产品（工程）的质量和建立质量保证体系。

②设备管理预警。涵盖生产设备的维修、操作和保养。

③人的行为活动管理预警。关注思想、知识、技能、性格、心理和生理方面的不安全因素。

（3）预警信息管理系统。基于管理信息系统（MIS），专注于收集、处理、存储和推断与预警管理相关的信息。

（4）事故预警系统。综合应用事故致因理论和安全生产管理原理，对生产活动中的事故征兆进行监测、识别、诊断和评价。

2.预警体系的建立

（1）建立原则。

①及时性原则。确保在事故初期就能发现并采取有效措施。

②全面性原则。全方位监督生产中的人、物、环境和管理。

③高效性原则。快速反应以及有效控制事故发展。

④客观性原则。正确引导相关组织和个人，避免信息隐瞒。

（2）功能实现。

①预警分析。包括监测、信息管理、评价指标体系的构建和评价。

②预警监测。对生产薄弱环节的全面监测。

③信息管理。处理收集的信息，进行分类、存储和推断。

④评价指标体系。反映危险状态及存在问题的指标。

⑤安全评价。确定生产活动的安全状态。

3.预警体系的运行

（1）监测。全面监视生产薄弱环节和重要环节，建立信息档案，以便后续分析和预警。

（2）识别。使用评价指标体系分析监测信息，识别生产活动中的事故征兆和诱因。

（3）诊断。分析确认的事故现象成因，预测其发展趋势。

（4）评价。对确认的事故征兆进行描述性评价，明确生产活动的受影响程度。

建立和运行一个有效的安全生产管理预警体系对于预防和减少建筑工程事故具有重要意义。它不仅涉及对外部环境变化的监测和内部管理的改进，还包括对潜在事故征兆的及时识别和评估。通过这样的系统，企业能够更好地预测和管理潜在的安全风险，从而保障建筑工程的安全和效率。

（三）建筑工程安全措施

建筑工程施工安全技术措施的实施是保障施工安全的重要环节。这些措施涉及计划、组织、监控、调节和改进等一系列管理活动，目的是减少和消除生产过程中的事故，确保人员和财产的安全。

1．施工安全控制

（1）安全控制概念。安全控制指生产过程中的一系列管理活动，包括规划、组织、监督、调整和改进，旨在实现生产安全。

（2）安全控制目标。安全控制目标为减少或消除人的不安全行为，减少或消除设备和材料的不安全状态，改善生产环境，保护自然环境。

（3）安全控制特点。

①广泛性。因工程规模大、工艺复杂、多变的作业位置导致安全控制范围广。

②动态性。项目单件性导致不同工程面临的风险和防范措施变化。

③交叉性。涉及工程系统、环境系统和社会系统。

④严谨性。高风险和伤亡事故多要求预防控制措施必须严密。

（4）安全控制程序。安全控制程序为确定安全目标，编制安全技术措施计划，落实和实施安全措施，验证安全措施计划，持续改进计划。

2．施工安全技术措施的一般要求

（1）制定前期措施。在工程开工前制定安全措施。

（2）全面性要求。考虑所有潜在安全风险。

（3）针对性要求。根据工程特点制定措施。

（4）可靠性要求。措施要全面、具体、可靠。

（5）包含应急预案。面对突发事件或紧急状态有所准备。

（6）可行性和操作性。确保措施在施工中实际可行。[①]

3.施工安全技术措施的主要内容

（1）进入施工现场的安全规定。

（2）地面及深槽作业防护。

（3）高处及立体交叉作业防护。

（4）施工用电安全。

（5）施工机械设备安全使用。

（6）"四新"技术应用的安全措施。

（7）自然灾害预防安全措施。

（8）防止有毒、有害、易燃、易爆作业的危害。

（9）现场消防措施。

（10）季节性施工安全措施等。

（四）安全生产检查监督

建筑工程施工的安全生产检查监督是确保安全施工的关键环节。这些检查监督活动涉及全面安全检查、经常性安全检查、专业安全检查、季节性安全检查、节假日安全检查以及针对要害部门的重点安全检查等多种类型，旨在及时发现和消除安全隐患，防止事故发生，增强工作人员的安全意识。

1.安全生产检查监督的主要类型

（1）全面安全检查。涵盖管理方针、安全设施、操作环境等方面，需进行汇总分析。

（2）经常性安全检查。主要是日常的作业现场检查，重点排除事故隐患。

---

① 赵朝部.工程项目管理信息化建设的评价研究[J].企业科技与发展，2023（8）：117-120.

（3）专业安全检查。由专业安全管理人员执行，更为专业和深入。

（4）季节性安全检查。针对不同季节的自然灾害采取相应防护措施。

（5）节假日安全检查。在人员较少的节假日进行，防止意外事故。

（6）针对要害部门的重点安全检查。对关键部门和设备进行严格检查。

2. 安全生产检查监督的主要内容

（1）检查思想。评估对安全生产方针的认识和安全问题处理态度。

（2）检查制度。确认是否建立并实施了全套安全生产规章制度。

（3）检查管理。评估安全生产管理的有效性。

（4）检查隐患。识别并处理生产作业中的安全隐患。

（5）检查整改。核实过去提出的安全问题是否得到解决。

（6）检查事故处理。审查对安全事故的报告和处理情况。

3. 安全生产检查监督的注意事项

（1）深入基层，依靠职工，坚持领导与群众相结合。

（2）建立组织领导机构，配备适当检查力量。

（3）明确检查目的和要求，防止一刀切，力求实效。

（4）结合自查与互查，查改结合。

（5）建立检查档案，根据需要制定不同种类的安全检查表。

4. 建筑工程安全隐患及其处理

安全隐患包括人的不安全因素、物的不安全状态和组织管理上的不安全因素。对于安全隐患的处理，需要采取针对性的原则和方法，如冗余安全度治理原则、单项隐患综合治理原则、事故直接隐患与间接隐患并治原则、预防与减灾并重治理原则、重点治理原则和动态治理原则。[①]

（五）安全事故应急预案

建筑工程生产安全事故的应急预案是为应对突发事件而制订的详细计划。这些预案的目的在于防止紧急情况导致混乱，确保能够按照既定流程

[①] 李宇翔 . 建设工程项目施工管理风险分析及防控研究 [J]. 低碳世界, 2023, 13（7）: 112-114.

进行有效的救援，以减少由此引发的职业健康、安全和环境风险。制定应急预案时须考虑重大环境因素、危险源及其控制失效可能导致的后果和应急救援过程中可能产生的新风险。

1.应急预案体系的构成

（1）综合应急预案。综合应急预案涵盖事故的应急方针、政策、组织结构、相关职责、行动、措施和保障等基本要求和程序。它是应对各类事故的综合性文件。

（2）专项应急预案。专项应急预案是指针对具体事故类别或危险源制订的计划或方案，如基坑开挖、脚手架拆除等事故。这些预案是综合应急预案的重要组成部分，包含具体的救援程序和应急救援措施。

（3）现场处置方案。现场处置方案是指针对具体装置、场所或设施、岗位制订的应急计划或方案。这些方案需具体、简单、针对性强，便于事故相关人员熟练掌握，并能够通过应急演练做到迅速反应、正确处置。

2.生产安全事故应急预案的编制要求

（1）符合有关法律、法规、规章和标准的规定。

（2）结合本地区、本部门、本单位的安全生产实际情况。

（3）结合本地区、本部门、本单位的危险性分析情况。

（4）应急组织和人员的职责分工明确，并有具体的落实措施。

（5）有明确、具体的事故预防措施和应急程序，并与其应急能力相适应。

（6）有明确的应急保障措施，并能满足本地区、本部门、本单位的应急工作要求。

（7）预案的基本要素齐全、完整，预案附件提供的信息准确。

（8）预案内容与相关应急预案相互衔接。

3.生产安全事故应急预案编制的内容①

（1）总则。

①编制目的。简述应急预案编制的目的、作用等。

②编制依据。简述应急预案编制所依据的法律法规、规章，以及有关行业管理规定、技术规范和标准等。

③适用范围。说明应急预案适用的区域范围，以及事故的类型、级别。

④应急预案体系。说明施工单位应急预案体系的构成情况。

⑤应急工作原则。说明施工单位应急工作的原则，内容应简明扼要、明确具体。

（2）施工单位的危险性分析。

①施工单位概况。主要包括施工单位总体情况及生产活动特点等内容。

②危险源与风险分析。主要阐述施工单位存在的危险源及风险分析结果。

（3）组织机构及职责。

①应急组织体系。明确应急组织形式、构成单位或人员，并尽可能以结构图的形式表示。

②指挥机构及其职责。明确应急救援指挥机构的总指挥、副总指挥、各成员单位及其相应职责。应急救援指挥机构根据事故类型和应急工作需要，可以设置相应的应急救援工作小组，并明确各小组的工作任务及其职责。

（4）预防与预警。

①危险源监控。明确施工单位对危险源监测监控的方式、方法以及采取的预防措施。

②预警行动。明确事故预警的条件、方式、方法和信息的发布程序。

---

① 建筑工程专项应急预案[EB/OL].（2022-03-22）[2024-10-01].https：//wenku.baidu.com/view/21929a5d158884868762caaedd3383c4bb4cb4e1.html?_wkts_=1731577408440&bdQuery=%E5%BB%BA%E7%AD%91%E7%94%9F%E4%BA%A7%E5%AE%89%E5%85%A8%E4%BA%8B%E6%95%85%E5%BA%94%E6%80%A5%E9%A2%84%E6%A1%88&needWelcomeRecommand=1.

③信息报告与处置。按照有关规定，明确事故及未遂伤亡事故信息的报告与处置办法。

（5）应急响应。

①响应分项。针对事故的危害程度、影响范围和单位控制事态的能力，将事故分为不同的等级，按照分级负责的原则，明确应急响应级别。

②响应程序。根据事故的大小和发展态势，明确应急指挥、应急行动、资源调配、应急避险、扩大应急等响应程序。

③应急结束。明确应急终止的条件。事故现场得以控制，环境符合有关标准，导致的次生、衍生事故隐患消除后，经事故现场应急指挥机构批准后，现场应急结束，结束后应明确事故情况上报事项、需向事故调查处理小组移交的相关事项、事故应急救援工作总结报告。

（6）信息发布。明确事故信息发布的部门、发布原则。事故信息应由事故现场指挥部及时、准确地向新闻媒体通报。

（7）后期处置。后期处置主要包括污染物处理、事故后果影响消除、生产秩序恢复、善后赔偿、抢险过程和应急救援能力评估及应急预案的修订等内容。

（8）保障措施。

①通信与信息保障。明确与应急工作相关联的单位或人员的通信联系方式和方法，并提供备用方案。建立信息通信系统及维护方案，确保应急期间信息通畅。

②应急队伍保障。明确各类应急响应的人力资源，包括专业应急队伍、兼职应急队伍的组织与保障方案。

③应急物资装备保障。明确应急救援需要使用的应急物资和装备的类型、数量、性能、存放位置、管理责任人及其联系方式等内容。①

④经费保障。明确应急专项经费来源、使用范围、数量和监督管理措

---

① 董松元.配置应急物资的3个基础[J].劳动保护，2021（8）：61.

施，保障应急状态时生产经营单位应急经费及时到位。①

（六）专项应急预案的编制

1. 事故类型和危害程度分析

在危险源评估的基础上，分析可能发生的事故类型、季节、严重程度。这包括识别所有潜在危险源，评估其可能导致的具体事故类型，并根据这些事故的潜在影响确定它们的严重程度。

2. 基本原则

明确处置生产安全事故时应遵循的基本原则，如迅速反应、有效控制、最小化损失等。

3. 组织机构及其职责

（1）应急组织体系。明确构成单位或人员，并以结构图形式展示。

（2）指挥机构及其职责。根据事故类型，明确应急救援指挥机构的总指挥、副总指挥及成员单位或人员具体职责。设置工作小组，并明确各小组的任务及负责人职责。

4. 预防与预警

（1）危险源监控。明确监测监控的方式、方法及预防措施。

（2）预警行动。确定具体事故预警条件、方式、方法和信息发布程序。

5. 信息报告程序

（1）确定报警系统及程序。

（2）明确现场报警方式，如电话、警报器等。

（3）确定与相关部门的 24 小时通信联络方式。

（4）明确信息通告、报警形式和内容。

6. 应急处置

（1）响应分级。根据事故危害程度、影响范围及控制能力分不同级别。

---

① 林琦玮. 建筑施工安全管理的重要性及实施策略研究[J]. 中国建筑装饰装修，2022（6）：115-117.

（2）响应程序。明确应急指挥、行动、资源调配、避险、扩大应急等程序。

（3）处置措施。针对特定事故类别和特点制定具体应急措施。

（4）应急物资与装备保障。列出所需物资与装备数量，管理维护和使用方法。

7.现场处置方案

（1）事故特征。主要包括危险性分析、事故类型、发生区域和危害程度。

（2）应急组织与职责。主要明确基层单位应急自救组织形式及人员构成。

（3）应急处置。主要包括事故应急处置程序和现场应急处置措施。

（4）注意事项。主要包括个人防护器具的使用、抢险救援器材的使用及救援对策等。

8.应急预案的管理

（1）评审。由专家组织审定，考虑实用性、完整性等方面。

（2）备案。向相应的安全生产监督管理部门备案。[1]

（3）实施。主要包括宣传教育、演练计划制订、定期组织演练和修订预案。

（4）奖惩。对未备案或未根据预案采取预防措施导致严重后果的单位，依法予以处罚。[2]

---

[1] 袁晓娟.绿色建筑建设工程施工管理及评价研究[J].陶瓷，2023（11）：215-217.
[2] 王亮.生产安全事故应急预案体系建设工作的研究与讨论[J].消防界（电子版），2021，7（2）：120-121.

第二节　风险管理

一、绿色建筑风险分类和管理

（一）风险的分类

风险分为内部风险和外部风险。内部风险与项目管理和操作直接相关，而外部风险则涉及政治、法律、经济、市场和自然环境等因素。

1. 内部风险

（1）设计和规划风险。

①环境适应性。设计须考虑建筑与其所在环境的和谐共存，包括地形、气候适应性等。

②能源效率。设计须达到高能源效率，包括合理的日照、通风、保温等。

③材料选择。设计须使用环保、可持续的材料，同时考虑成本和供应链的稳定性。

（2）施工风险。

①施工安全。保障工人安全，减少工地事故。

②工程质量。确保建筑符合设计标准和建筑规范，防止后期维修成本上升。

③时间管理。合理安排施工计划，避免工期延误。

（3）技术风险。

①新技术应用。新技术可能带来不确定的维护和运行成本。

②技术更新。技术迅速更新可能使现有技术过时。

③技术依赖性。过度依赖某一技术可能导致在该技术出现问题时项目受阻。

（4）成本管理风险。

①预算控制。确保项目成本不超出预算。

②资金流动性。管理好现金流，确保项目资金充足。

③成本效益分析。平衡环境效益与经济成本，确保项目的经济可行性。

（5）维护和运营风险。

①运营效率。确保建筑在使用过程中的能效和水效。

②长期维护。考虑长期维护成本和策略，以持续保持建筑性能。

③用户行为。明确用户使用习惯对建筑性能的影响，培养用户节能习惯。

2. 外部风险

（1）政策风险。政策的改变可能影响建筑标准、补贴或税收优惠。

（2）法律和规章风险。

①法规遵循。确保项目符合所有适用的环境与建筑法规。

②审批流程。法规的变化可能影响项目的审批时间和成本。

（3）经济风险。

①市场波动。经济衰退或通货膨胀可能影响项目资金和成本。

②投资回报。经济环境变化可能影响投资者对绿色建筑的兴趣。

（4）市场风险。

①需求变化。市场对绿色建筑的需求可能随社会意识和经济状况变化。

②竞争环境。市场上竞争者的增加可能影响项目的市场份额。

（5）自然环境风险。

①气候变化。气候变化可能对建筑的耐久性和性能产生影响。

②自然灾害。洪水、地震等自然灾害可能对建筑安全构成威胁。

3. 管理建议

对于这些详细的风险点，项目团队需要采取针对性的管理策略。例如，设计和规划阶段要进行全面的可行性研究，施工阶段要进行严格的质量控制和时间管理，运营阶段要有有效的维护计划和用户培训。同时，对于外部风险，需要定期进行环境扫描和政策监测，以便及时调整策略应对外部环境的变化。这些综合性的措施可以在很大程度上降低风险，并确保绿色建筑项目的成功。

（二）绿色建筑项目风险特性与管理分析

绿色建筑项目在追求环保和可持续发展的同时，由于其特殊的内在要求和发展环境，展现出与传统建筑项目不同的风险特性。这些特性包括其目标体系的变化与扩充，全生命周期的风险考虑，显著的外部经济性特征，中国绿色建筑发展的特定环境因素，等等。

绿色建筑的目标体系不仅包括成本、工期和质量等传统建筑关注的短期目标，还扩展到了更多长期和综合性的目标，如环境保护和社会责任。这种目标体系的变化与扩充使得绿色建筑面临的风险范围更广，对一般建筑可能不构成重大风险的事件，在绿色建筑项目中却可能带来显著影响。

绿色建筑项目的风险管理不限于建设阶段，而是覆盖了建筑的全生命周期。这意味着，与传统建筑项目不同，绿色建筑项目的风险责任从项目策划开始，延伸到建筑的使用、维护乃至最终拆除阶段，要求项目参与者承担全生命周期内的风险管理责任。

绿色建筑项目的风险特性要求项目参与者从更为全面和长远的视角进行风险管理，以确保项目的成功实施和可持续发展。

二、构建绿色建筑风险层级

在绿色建筑项目中，识别和理解各参与主体所面临的风险及其对项目目标的影响是构建风险层级的关键。这不仅有助于制定有效的风险管理策略，对于优化项目执行过程、确保项目的顺利完成和长期成功也至关重要。

业主和监理方面的风险主要影响经济和绿色认证目标，包括资金问题、需求变更、工期和项目定位的不合理要求。这些风险可能导致成本增加、工期延误，甚至影响项目的绿色认证结果。

承包商、分包商和供应商的风险主要关注工作质量、进度控制、材料供应和价格波动，这些风险不仅影响工期和成本，还可能影响建筑的质量和环境性能,尤其在长期表现和示范作用方面。

设计风险包括设计方案的可行性和创新性,这些中观风险可能导致设计不符合绿色建筑标准,增加建设和运营成本,影响项目的经济效益、功能实现和示范作用。

外部环境风险,如政策法律风险、经济风险和自然风险,则通过影响项目成本、绿色认证结果和市场波动等来影响项目的经济效益,甚至可能导致项目中断。

通过深入理解这些风险及其具体影响,项目管理者可以更有效地应对挑战,采取预防措施,减少风险对项目目标的负面影响,确保绿色建筑项目的顺利进行,使其取得长期可持续发展。

三、风险分担与管理

(一)业主的风险分担与管理

在绿色建筑项目中,业主的风险分担与管理不仅关乎项目的顺利进行,还直接影响项目的最终成果和可持续发展目标的实现。业主须提前规划和预算,与设计团队密切合作,确保资金的合理分配和使用,同时考虑设计阶段的决策如何影响整体成本。

项目变更管理也是一个重要环节,业主须明确项目目标和要求,以减少设计和施工过程中的变更。有效的沟通和合理的变更补偿机制可以避免潜在的纠纷,保证项目按计划推进。对于成本超支的风险,业主需要深入理解绿色建筑的标准和要求,通过聘请专业咨询机构,进行成本控制和优化,以避免不必要的开支。

工期风险的管理同样关键,业主应当认识到,为了满足绿色建筑的高标准,可能需要更多的时间来完成项目。因此,在计划工期时,应充分考虑到质量标准和环保要求,合理安排时间,采取有效措施确保工期的控制。

绿色认证的风险主要由业主承担,因此业主需要与项目团队紧密合作,确保所有设计和施工活动都符合相关绿色建筑标准和认证要求。在此过程中，对申报资料的管理至关重要，要防止资料缺失或错误，以免影响认证结果。

（二）承包商的风险分担与管理

在绿色建筑项目中，承包商的风险主要涉及能力、报价、违约以及人员四个方面，这些风险的有效管理不仅需要承包商自身的努力，还需要业主和行政管理部门的共同参与和支持。

第一，能力风险的管理要求业主在选择承包商时，应重视其在绿色建筑领域的经验和资质。这一措施有助于确保承包商具备完成绿色建筑项目的能力。同时，业主和承包商可以共同投资技术和管理培训，提升承包商团队在绿色建筑实施中的专业水平。

第二，报价过低风险的管理需要承包商在报价时进行全面而准确的成本评估，确保报价反映了绿色建筑的所有成本要素，避免因报价过低而影响项目质量或导致项目无法盈利。业主也应进行市场调研，以合理的预算和成本控制预期，共同避免此类风险。

第三，违约风险的管理要求业主和承包商之间建立良好的沟通机制，确保双方对绿色建筑要求和合同条款有共同的理解和认识。明确的合同条款和有效的沟通可以减少违约的可能性，保护双方的利益。

第四，人员风险的管理涉及承包商对员工的专业技能和管理水平的提升。业主和行政管理部门应共同努力，通过提供培训和认证机会，促进绿色建筑领域专业人才的培养和发展，提高从业人员的素质和能力。

上述策略可以有效地管理和分担承包商在绿色建筑项目中的风险，促进项目的顺利进行和成功完成，推动绿色建筑行业的健康发展。

第十一章　案例研究与总结

第一节　国内外绿色建筑施工案例

一、湖北省"武汉中心"的绿色建筑

（一）项目背景与概述

地理位置与规模："武汉中心"位于武汉市汉口中心的王家墩中央商务区，是华中地区的标志性建筑，包括商业、办公、酒店式公寓、酒店和观光设施。

（二）设计理念与目标

绿色地标建筑：设计目标是将"武汉中心"打造成华中地区的"绿色"地标建筑。[①]

认证等级：该项目获得了绿色建筑设计与运营评价标识（三星级）和LEED-NC 白金奖，这两个认证等级都代表了在可持续设计和建筑环境优化方面的最高标准。

这些荣誉不仅证明"武汉中心"在节能减排、环境保护和资源高效利用方面的卓越成就，还展示了该项目在推动绿色建筑发展和实现绿色生态城市目标方面的领导地位。[②] 通过这样的设计理念与目标，"武汉中心"成了华中地区乃至全国范围内绿色建筑和可持续发展的一个典范。

---

① 郭远航.绿色建筑设计相关要素及具体措施[J].住宅与房地产，2021（12）：106-107.
② 有关一些绿色生态建筑的案例[EB/OL].（2011-05-02）[2024-10-07].https://wenku.baidu.com/view/f18275fe700abb68a982fb86.html?_wkts_=1731654471947&bdQuery=%E6%9C%89%E5%85%B3%E4%B8%80%E4%BA%9B%E7%BB%BF%E8%89%B2%E7%94%9F%E6%80%81%E5%BB%BA%E7%AD%91%E7%9A%84%E6%A1%88%E4%BE%8B-+-+%E7%99%BE%E5%BA%A6%E6%96%87%E5%BA%93+-%E3%80%8A%E4%BA%92%E8%81%94%E7%BD%91%E6%96%87%E6%A3%A3%E8%B5%84%E6%BA%90%28http%3A%2F%2Fwenku.baidu.c&needWelcomeRecommand=1.

（三）绿色建筑特点与创新

可持续整合设计：该项目在设计上不仅整合了各类生态技术，还融合了先进的分析手段和建筑师的创意，旨在使使用功能最大化和对环境的影响最小化。

高效能源与资源管理：实现了单位建筑面积的极低能耗和水资源消耗，减少了材料资源的消耗和碳排放。

（四）技术应用与结构创新

在追求结构优化和提高建筑性能方面，该项目结构优化设计通过运用复杂的高层结构稳定性分析、弹塑性分析以及多方案比较，确保建筑结构不仅满足了安全性要求，还提高了效率和经济性。这些分析工具和方法的应用，为解决复杂结构设计中的挑战提供了科学依据，能够实现结构的最优化。

新型结构体系的开发，如悬挂式钢—混凝土（钢—混）结构体系，代表着结构设计领域的一大创新。这种体系通过结合钢材和混凝土的优势，显著提高了建筑的抗震性能和结构效率，为高层建筑提供了更为安全、经济的解决方案。

混凝土小型空心砌块配筋砌体的技术应用，通过优化材料强度和结构体系，进一步提高了结构性能。这种创新不仅增强了建筑的承载能力和耐久性，还为建筑设计提供了更多的灵活性和可行性。通过这些技术应用与结构创新，现代建筑能够实现更高的安全标准、更优的经济效益以及更佳的环境适应性。

（五）室内环境质量

该项目通过采用先进的隔音材料和声学设计技术，如双层隔音玻璃、吸音墙面和特制的吊顶系统，可以有效减少外界噪声的侵扰，同时控制室内的声反射和回声，保证室内声环境的舒适度。

该项目通过精心设计的布局和空间规划，进一步提升了声环境的质量，如合理安排房间和公共区域的位置，以避免声音传播造成的相互干扰。这些措施不仅满足了居住者对安静生活空间的需求，还提升了居住和入住体验的整体品质，成为现代建筑设计中不可或缺的一部分。通过优化声环境，建筑不仅能提供一个舒适安静的居住环境，还能在繁华都市中创造出一片宁静的避风港。

（六）环保性能与节能措施

环保性能与节能措施是现代建筑设计中的核心要素，旨在通过绿色结构和创新技术减少建筑对环境的负面影响。结构设计的创新，如使用轻质高强度材料、优化建筑形态以减少材料使用量和提高能效，为降低建筑的碳足迹和环境影响奠定了基础。同时，节能生态技术的运用，包括自然通风、太阳能利用、雨水收集和再利用系统以及智能建筑管理系统，进一步提高了能源利用效率和资源管理的效能。这些措施不仅确保了建筑的高效运营，还通过减少能源消耗和提高资源循环利用率，促进了环境的可持续发展。通过结合绿色结构设计和节能生态技术的应用，现代建筑能够在实现其功能性和舒适性的同时，显著提升其环保性能，成为推动绿色建筑和可持续社会发展的重要力量。

（七）项目总结与未来影响

综合评价："武汉中心"作为一个高层建筑项目，在节能、环保和室内环境质量方面树立了新的行业标准。

对未来建筑发展的启示：该项目展示了在高层建筑中实现可持续发展的可能性，为未来城市建筑提供了宝贵的经验和启示。

通过这个案例分析，可以看出"武汉中心"不仅在建筑设计和功能性方面取得了突出成就，还在可持续性、环境保护和室内环境质量方面表现卓越，成为华中地区乃至全国范围内绿色建筑的一个重要典范。

二、广东省珠江新城项目

(一)项目背景与目标[①]

地理位置：位于广州珠江新城 CBD 中轴线上，具有重要的城市地理优势。

设计目标：创建一个兼具卓越外观和智能技术的绿色高效写字楼。

功能布局：主要包括甲级写字楼、会议室以及辅助的餐饮和休闲设施，可满足商业和办公需求。

(二)绿色建筑技术应用

综合遮阳体系：根据不同方位采用不同遮阳策略，如水平固定遮阳和中置铝合金百叶帘系统，有效降低日照直射带来的热量。

智能化新鲜空气系统：超高层建筑特有的外循环呼吸幕墙和诱导通风器，保证室内空气质量，同时限制能源消耗。

立面雨水收集系统：利用广州的丰富降水，设置立面和屋顶雨水收集系统，用于景观灌溉和道路清洁，减少对市政供水的依赖。

空中花园设计：在超高层建筑中创造室内绿色空间，提升建筑的生态效益，改善办公环境。

(三)节能与环保效果

节能与环保效果表现在能源效率和水资源管理两大方面。首先，在能源效率方面，引入高效的遮阳系统，在夏季有效降低建筑内部温度，从而减少对空调系统的依赖。同时，智能空气系统通过自动调节室内温度和空气质量，进一步降低了对传统能源的需求。这不仅降低了能源消耗，还减少了碳排放，对环境保护起到了积极作用。其次，在水资源管理方面，建立雨水收集系统，收集的雨水用于灌溉、冲厕等，有效减少了对地下水和

---

① 关旋晖.华南地区绿色建筑系统技术研究与应用[J].中国工程咨询，2011（9）：35-38.

市政供水的依赖。这种循环利用的方式不仅节约了珍贵的水资源，还减轻了市政排水系统的压力，减少了洪水泛滥的可能性。这些措施的实施，不仅提高了能源和水资源的使用效率，还为实现绿色低碳生活方式提供了有效途径，对促进环境的可持续发展具有重要意义。

（四）智能化与用户体验

智能化与用户体验的提升体现在智能系统的广泛应用和对用户舒适度的深度关注上。首先，部署先进的空气质量监测系统，可以实时监测室内外空气质量，并通过智能控制系统自动调整室内空气，确保用户始终享受到健康、清新的空气环境。这种智能化管理不仅提高了室内环境质量，还极大地增强了用户的居住和工作体验。其次，引入空中花园和优化的自然采光设计，不仅美化了工作空间，还为用户提供了接近自然的休息和放松场所。这些设计考虑了用户的心理和生理需求，通过提供充足的自然光照和绿色植物，有效提升了用户的幸福感和工作效率。同时，这种设计有利于减少对人工照明的依赖，进一步增强了节能减排的效果。

该项目获得了绿色建筑设计与运营评价标识（三星级）和 LEED-NC 金奖，标志着该项目在全球绿色建筑领域获得了领先地位。

（五）项目总结与影响

综合评价：该项目在节能、环保、用户体验和智能化方面取得了显著成效。

对未来的启示：作为超高层绿色建筑的典范，该项目为未来城市建筑发展提供了宝贵经验。

这个案例分析展示了珠江新城 B2-10 项目如何通过创新设计和技术应用，在建筑效率、环保和用户体验上取得了平衡，是超高层绿色建筑领域的一个重要参考案例。

三、格林威治的森斯伯瑞店的绿色建筑

（一）项目背景与概述

地点与历史背景：位于伦敦格林威治半岛的森斯伯瑞店，原址为工业废区。该项目是格林威治半岛开发的一部分，对比邻近的千年客顶，森斯伯瑞店在商业成功和环境可持续性方面取得了显著成就。

（二）设计理念与目标

格林威治的森斯伯瑞店的设计理念与目标体现了对环保和可持续性的深刻承诺，旨在创造一个创新的绿色超市模型，引领国际零售业的可持续发展方向。作为国际上首个以环保为核心设计理念的绿色超市，它采用了一系列先进的环保技术和可持续建筑策略，如高效能源管理系统、雨水回收利用、绿色屋顶以及使用可再生材料等，以减少对环境的影响，并提高能源使用效率。

格林威治的森斯伯瑞店还特别注重提升顾客和员工的健康与舒适度，通过自然采光、优化空气质量和绿色空间等设计元素，创造了一个愉悦的购物和工作环境。这些创新和环保措施不仅体现了对地球资源的尊重和保护，还展示了如何将商业活动与环境可持续性相结合。

因其卓越的建筑设计和实际效益，格林威治的森斯伯瑞店获得了多个国际奖项和认可，成为全球绿色建筑和可持续零售实践的典范。这些成就不仅反映了其在推动环保、节能减排及履行社会责任方面所做的贡献，还激励着其他企业在建筑和运营实践中采纳更绿色、更可持续的方法。

（三）场地整治与生态策略

场地整治与生态策略的实施，致力于将工业废弃区域转变为环境友好型空间，重点包括场地净化与重生以及可持续景观策略的开发。在场地净化与重生方面，注重移除土壤和水体中的污染物，包括重金属、有机污染物和其他有害物质，同时建立持续的有害物质监控系统，以确保长期的环境安全和健康。在可持续景观策略方面，通过实施全方位、多样化的生态

恢复措施，如保护和恢复表层土壤、植被覆盖以及生物多样性，有效促进了生态平衡的恢复。例如，建立湿地和生态芦苇池等自然净化系统，这不仅提升了景观美观性，还增强了场地的生态功能。

（四）建筑设计与节能策略

被动式设计方法通过精心设计建筑的方位、体形和遮阳结构，自然地减少了建筑对能源的需求。例如，合理的遮阳可以在夏季减少过多的太阳辐射进入室内，降低冷却负荷，通过窗户设计使其在冬季对太阳光的利用达到最大，减少取暖需求。建筑体形的优化也能有效地减少不必要的能源损耗，通过增加建筑的气密性和保温性，减少热量的流失。

在创新节能措施方面，利用建筑材料本身的热容量来维持室内温度是一种高效的策略。混凝土等材料能够在白天吸收并存储热量，到了夜晚则释放这些热量，从而减少了对传统供暖和冷却系统的依赖。地下层引入的室外空气利用地热效应预热或预冷，这样可以显著减少空调和暖气的使用，进一步降低能源消耗。热电联产设备的使用则提高了能源的使用效率，减少了能源的浪费。

（五）自然采光与通风

自然采光与通风的设计理念重在利用自然资源来提升室内环境质量。在建筑顶部安装大面积的高窗，可以降低对人工照明的依赖，同时利用智能调控装置自动调节内部光线和温度，保持室内环境的舒适性。有效的自然通风设计，如利用建筑的负压效应和空气流动原理，不仅可以提供持续的新鲜空气，减少对机械通风系统的需求，还可以实现能源高效利用。

（六）材料与资源管理

在材料与资源管理方面，采用环保建筑材料和循环利用水资源的策略，展示了对环境的深度关怀和责任感。使用废弃轮胎、回收塑料瓶等低能耗且可循环利用的材料，在减少建筑对环境影响的同时，展示了资源循环利用的实践。雨水回收系统的引入，不仅有效减少了对传统水资源的依赖，还可以满足灌溉、卫生设施等需求，进一步促进了水资源的可持续管理。

（七）环保措施与社会责任

环保措施与社会责任的实施，体现了企业和建筑项目对于推动社会整体可持续发展的承诺。例如，提供电动车充电设施，不仅方便了电动车用户，还有助于减少温室气体排放，推动了低碳生活方式的普及。

（八）项目总结与未来影响

经济效益与社会效益：该项目不仅在建筑设计上获奖，还取得了显著的经济效益和社会效益。

示范效应：作为国际上首个绿色超市，该项目为未来的商业建筑提供了可持续发展的范例。

通过对格林威治的森斯伯瑞店的分析，我们看到了一个成功的绿色商业建筑案例，它不仅在环境保护和可持续发展方面取得了卓越成就，还在商业运营和社会责任方面展现了显著的效益，为未来类似项目提供了宝贵的经验和启发。

第二节　我国绿色建筑施工的经验总结与思考

一、绿色建筑施工技术经验总结

（一）绿色施工与创新

绿色建筑施工技术在我国的深化实践与创新，不仅推动了建筑行业的可持续发展，还成为响应国家绿色发展战略的重要举措。这一过程涉及多个层面的技术应用和管理创新，旨在实现环境友好和资源高效利用的目标。

在施工现场绿色管理的进阶实践，通过高效的现场布置和科学的施工流程规划，最大限度地减少了施工活动对周边环境的影响。例如，利用现代信息技术，实现施工现场的精细化管理，通过实时监控系统监控资源消耗和废弃物排放，确保施工活动的透明化和高效化。

材料资源的绿色利用更加注重材料的环境属性和生命周期成本。采用低碳、可回收和可持续来源的建筑材料，如绿色混凝土、节能玻璃等，不仅提高了建筑的能效性能，还减少了建筑过程中的碳排放。通过建立材料循环利用系统，促进了建筑废弃物的再利用和资源回收，实现了从源头到终端的全过程绿色管理。

资源优化配置向深度融合和系统优化迈进。在节水、节能方面采取更为系统和科学的措施，如雨水收集系统、太阳能利用系统等，不仅优化了自然资源的利用，还增强了建筑的自给自足能力。同时，智能化建筑管理系统实现了能源使用的最优化配置，提高了能效比例，减少了能源浪费。

绿色施工技术的创新实践还包括对施工过程中产生的噪声、尘埃等污染的有效控制，对施工人员绿色施工理念的培训和教育，提高施工队伍的环保意识和技术水平，确保施工技术的绿色化、智能化和人性化，等等。

通过这些实践与创新，绿色建筑施工技术不仅提升了建筑项目的环境性能和社会价值，还展现了我国在推动绿色建筑和可持续发展方面的积极探索和实践成效。

（二）建筑施工设备体系的调整

为了实现绿色建筑的节能指标，调整和改善建筑施工设备体系至关重要。这包括建立建筑施工设备节能性能评价指标、运用信息技术优化设备管理、及时维修和更新故障设备等措施，以减少能源浪费并提高设备效能。

这些技术和方法的应用已经取得了显著成效。例如，深圳在绿色建筑低碳成就和发展潜力方面的表现尤为突出，成为绿色建筑发展的典范。

我国的氢能应用在建筑领域也表现出色。例如，2021年11月，佛山南海的丹青苑社区作为全国首个引入氢燃料电池供能的智慧能源示范社区，展示了如何将太阳能、氢能技术融入社区能源系统，实现能源自给自足和零碳排放。该示范项目通过技术创新，提高了发电效率和综合能源利用效率，显著降低了碳排放。

我国在绿色建筑施工技术方面的经验获得了全球关注。这些实践不仅提升了建筑效能和环境友好性，还为全球可持续建设提供了宝贵的经验和参考。随着技术的不断创新，我国绿色建筑行业的未来发展前景将更加广阔。

二、绿色建筑施工的几点思考

我国实施绿色建筑施工虽然取得了初步成效，但仍面临一些挑战，需要采取有效措施予以应对。下面是应对挑战的几点建议。

（一）加强绿色建筑施工宣传和教育

加强绿色建筑施工宣传和教育是提升环境保护实践的关键。通过法律、文化、社会和经济手段的综合运用，对绿色建筑施工进行持续而深入的宣传教育，对提高建筑企业和施工人员的绿色施工认知至关重要。[①] 鼓励公众积极参与绿色施工的监督过程，不仅能增强社会对绿色建筑施工重要性的认识，还能促进社会整体绿色意识的提升，从而推动绿色建筑和可持续发展战略的实现。

（二）提升绿色建筑技术研发能力

绿色建筑技术研发能力的提升是推动绿色建筑可持续发展的关键。因此，建立一个集研究、教育、生产和应用于一体的绿色建筑技术发展机制至关重要。这样的机制可以加快淘汰高污染的施工技术和工艺，同时促进施工工业化和信息化的提升。通过这种方式，我国不仅能够减少对外部技术的依赖，还能在全球绿色建筑领域发挥更加积极和领导的作用。

（三）充分发掘绿色建筑消费市场潜力

绿色建筑消费市场的潜力尚未得到充分发掘，主要原因在于消费者对绿色建筑的认知不足。多数消费者在购房时更加关注地理位置、基础设施等传统因素，而对绿色建筑所带来的环境效益和长期经济利益缺乏足够的

---

① 肖绪文，冯大阔.建筑工程绿色施工现状分析及推进建议 [J].施工技术，2013，42（1）：12-15.

了解。这种现状导致市场供需双方之间存在严重的信息不对称，消费者无法充分认识到选择绿色建筑的价值，进而影响了绿色建筑市场的发展。因此，提高公众对绿色建筑的认知，弥补信息不对称问题，对于释放绿色建筑市场的潜力具有重要意义。

（四）多方协作实施绿色建筑施工

实施绿色建筑施工需要多方协作和综合策略。政府需要发挥关键的政策引导作用，通过制定具体的管理办法、实施细则和行为准则来规范和推动绿色施工。业主的支持和资金投入对于绿色建筑施工的有效实施也至关重要，他们在项目的绿色转型中扮演着主导角色。

施工企业需要建立完善的组织体系，确保施工目标的明确、责任的落实、管理制度的健全及技术措施的到位。同时，对传统施工技术进行绿色审视并进行必要的改造，以符合绿色施工的理念，也是关键。[1]创新研究和推广应用绿色建材和施工机具将进一步促进绿色施工的实践。为了激励企业积极实施绿色施工，政府可以向业主单位收取"绿色施工措施费"，并在施工单位达到优良标准时全额拨付该费用，否则将该费用用于环境保护。这样的激励机制将鼓励企业更积极地参与绿色施工，有助于促进可持续建筑的发展。

（五）金融机构与开发商之间信息要对称

目前，金融机构与开发商之间还存在一定程度的信息不对称问题，这成为阻碍行业发展的关键因素之一。缺乏一个成熟的信用体系和融资平台，导致资金供需双方难以有效对接，影响了绿色建筑项目的资金流动和投资效率。这种不对称不仅阻碍了绿色建筑的融资和投资，还限制了绿色建筑市场的健康发展。因此，应建立一个全面、透明的信息共享系统，完善信用体系和融资机制，优化认证流程。

---

[1] 肖绪文，冯大阔.建筑工程绿色施工现状分析及推进建议[J].施工技术，2013，42（1）：12-15.

（六）重视设计与实际使用效果的差距

在绿色建筑施工实践中，还存在一部分设计与实际使用效果的差距。

一方面，许多绿色建筑在实际使用阶段的能耗高于预期，表现出"设计高等级、运行低性能"的问题，即实际使用效果与设计阶段的绿色标准不一致。这是由于缺乏对绿色建筑施工实际使用效果的充分认识和评估。

另一方面，在绿色建筑的设计和施工实践中过度依赖高精尖技术，忽视了被动技术和地方特色的重要性，导致设计、咨询、开发等技术实施机构在推进绿色建筑项目时面临多种操作上的疑问和困难。因此，弥合设计与实际使用之间的差距，确保绿色建筑项目能够实现其设计阶段的环保目标，是当前绿色建筑发展中亟待解决的关键问题。

上述建议的实施，将有助于解决当前绿色建筑施工推进过程中遇到的挑战，为绿色建筑施工的发展提供有力支撑。

参考文献

[1] 叶青. 从绿色建筑到绿色城市：海南省规模化推广绿色建筑蓝图 [J]. 中国建设信息，2010（17）：28-31.

[2] 向云凯. 论传统建筑语言对当代建筑的启示 [J]. 四川水泥，2014（7）：258.

[3] 薛敏. 绿色建筑对保护环境安全的意义 [J]. 西安建筑科技大学学报（社会科学版），2010，29（1）：47-52.

[4] 李长忠. 水利工程对生态环境的影响分析 [J]. 中国高新技术企业，2013（35）：93-94.

[5] 付丹丹. 绿色建筑实施对社会发展重要性 [J]. 低碳世界，2018（8）：239-240.

[6] 柯园园，郭健，何章津，等. 基于多因素相关性分析的绿色建筑经济评价研究 [J]. 武汉轻工大学学报，2016，35（1）：75-81.

[7] 王庆荣. 绿色建筑理念下建筑设计发展趋势 [J]. 工程建设与设计，2023（2）：25-27.

[8] 孙贺. 传统建筑技术在现代建筑节能设计中的应用 [J]. 住宅与房地产，2018（15）：72.

[9] 刘万锋. 对绿色节能建材的探讨 [J]. 中国建材科技，2006（2）：1-3.

[10] 贺海洋，王慧. 当今"绿色建材"的研究现状 [J]. 广东建材，2004（6）：11-13.

[11] 赵丽萍. 绿色建筑理念下建筑规划节能设计措施研究 [J]. 佛山陶瓷，2022，32（8）：123-125.

[12] 梁艳. 土木工程施工中节能绿色环保技术探究 [J]. 居舍，2018（25）：80.

[13] 谭海成. 绿色建筑材料在住宅中的应用 [J]. 居舍，2023（9）：67-69.

[14] 周行. 绿色建筑材料在住宅工程施工中的应用探讨 [J]. 四川建材，2022，48（5）：3-4.

[15] 王健健，苗现华. 绿色建筑材料在土木工程施工中的应用探析 [J]. 城市建设理论研究（电子版），2022（30）：31-33.

[16] 杜国强. 绿色建筑材料在施工管理中的应用研究 [J]. 陶瓷，2022（8）：65-67.

[17] 邹镕. 复合材料 FRP 作为绿色建筑材料的应用探究 [J]. 四川建材，2022，48（7）：18-19，39.

[18] 孙曼津. 现代绿色建筑节能设计的发展及运用 [J]. 工程与建设，2024，38（3）：691-692.

[19] 谢仰坤. 绿色生态节能建筑设计刍议 [J]. 沿海企业与科技，2009（12）：35，36-37.

[20] 韦家俊. 浅谈绿色建筑设计理念在建筑设计中的整合与应用 [J]. 绿色环保建材，2019（11）：70，72.

[21] 王峰. 低碳视域下 BIM 技术在绿色建筑设计施工中的应用实践 [J]. 中国战略新兴产业，2024（2）：107-109.

[22] 尹伯悦，赖明，谢飞鸿. 绿色建筑与智能建筑在世界和我国的发展与应用状况 [J]. 建筑技术，2006（10）：733-735.

[23] 涂逢祥. 大力推进建筑节能迫在眉睫 [J]. 墙材革新与建筑节能，2004（7）：7-8.

[24] 李珠，张泽平，刘元珍，等. 建筑节能的重要性及一项新技术 [J]. 工程力学，2006（增刊2）：141-149.

[25] 孙凯. 木结构建筑技术与被动式超低能耗建筑技术的集成与运用 [J]. 建筑技术开发，2024，51（10）：150-152.

[26] 代启俊. 试论建筑节能途径及实施措施 [J]. 中华民居（下旬刊），2013（12）：158，160.

[27] 胡江衡. 浅谈通风与空调工程的节能监理 [J]. 建设监理，2011（5）：78-80.

[28] 乔海南，姜晓辉，赵明辉.EMS2000能耗管理系统在绿色建筑中的应用[J].
现代建筑电气，2015，6（2）：41-45.

[29] 夏洪军.基于能耗与环境监测系统的某绿色办公建筑用能数据分析研究
[J].上海节能，2013（10）：4-9.

[30] 秦旋，万欣.我国绿色建筑项目的风险分担与管理研究[J].施工技术，
2012，41（21）：19-24，45.

[31] 王景慧，秦旋，万欣.绿色建筑项目的风险因素识别与风险路径分析[J].
施工技术，2012，41（21）：30-34.

[32] 金彦海.小议建筑项目绿色风险管理与防范[J].价值工程，2010，29（36）：
74.

[33] 王家远，邹小伟，张国敏.建设项目生命周期的风险识别[J].科技进步与
对策，2010，27（19）：56-59.

[34] 李军.新形势下绿色建筑全过程管理模式的思考[J].建筑科学，2020，36
（8）：174-179.

[35] 马强，肖玥玥.建筑法规与绿色建筑发展的思考[J].农家参谋，2020（7）：
110.

[36] 易永永，陈彬，李豪.基于云南省建筑业绿色发展现状调查研究[J].居业，
2020（1）：179-180.

[37] 林永建.绿色建筑项目管理模式及成本控制分析探讨[J].陶瓷，2020（7）：
138-141.

[38] 孙大明，汤民，张伟.我国绿色建筑特点和发展方向[J].建设科技，2011
（7）：24-27.

[39] 修龙.大道至简 返璞归真：绿色建筑设计的知与行[J].建筑设计管理，
2013，30（4）：10-11.

[40] 赵强，叶青，赵静，等.我国绿色建筑发展阶段和趋势研究[J].城市住宅，
2021，28（8）：65-68.

[41] 张清杉，张宽地.西北干旱区气候变化对水资源影响关系探讨[J].湖南生
态科学学报，2016，3（3）：35-39.

[42] 刘亚敏，张生，刘亚峰. 新疆气候变化对水资源影响分析研究 [J]. 河北工程大学学报（社会科学版），2011，28（1）：29-32.

[43] 陈亚宁，李稚，范煜婷，等. 西北干旱区气候变化对水文水资源影响研究进展 [J]. 地理学报，2014，69（9）：1295-1304.

[44] 刘俊卿. 全球气候变化对我国水文与水资源的影响 [J]. 中国高新科技，2019（23）：44-46.

[45] 马哲. 绿色建筑发展制约因素的分析与对策 [J]. 黑龙江科学，2014，5（1）：129.

[46] 朱颖心. 绿色建筑评价的误区与反思：探索适合中国国情的绿色建筑评价之路 [J]. 建设科技，2009（14）：36-38.

[47] 叶祖达. 绿色建筑的市场化：经济效率与成本效益分析 [J]. 住区，2015（1）：38-42.

[48] 曹天卓. 绿色建筑增量成本研究和经济效益分析 [J]. 山东工业技术，2015（16）：267，291.

[49] 王昌军. 探讨建筑外墙保温施工技术和节能材料选择 [J]. 陶瓷，2021（11）：109-110.

[50] 陈忠桂. 基于新型节能建材的绿色建筑技术的经济研究 [J]. 绿色环保建材，2019（3）：12，14.

[51] 朱静，郭朝辉. 某住宅小区绿色建筑技术增量成本分析 [J]. 价值工程，2015，34（6）：101-102.

[52] 赵海荣. 绿色建筑技术经济成本效益评价研究 [J]. 门窗，2019（12）：13-14.

[53] 陈偲勤. 从经济学视角分析绿色建筑的全寿命周期成本与效益以及发展对策 [J]. 建筑节能，2009，37（10）：53-56.

[54] 魏润卿. 论低碳经济与低碳地产、绿色建筑 [J]. 科技管理研究，2010，30（22）：16，38-40.

[55] 孙鸣皋. 绿色建筑施工技术的创新与实践 [J]. 陶瓷，2024（2）：204-206.